이번 학기 공부 습관을 만드는 첫 연산 책

새 교육과정 반영

바빠 교과서 연산 2-1

빠른 학습법

"우리 아이가
끝까지 푼 책은
이 책이 처음이에요." — 학부모 후기 중

작은 발걸음 방식 문제 배치, **전문가의 연산 꿀팁** 가득!

지은이 | **징검다리 교육연구소**

징검다리 교육연구소는 바쁜 친구들을 위한 빠른 학습법을 연구하는 이지스에듀의 공부 연구소입니다. 아이들이 기계적으로 공부하지 않도록, 두뇌가 활성화되는 과학적 학습 설계가 적용된 책을 만듭니다. 이 책을 함께 개발한 **강난영 선생님**은 영역별 연산 훈련 교재로, 연산 시장에 새바람을 일으킨 《바쁜 5·6학년을 위한 빠른 연산법》, 《바쁜 중1을 위한 빠른 중학연산》, 《바쁜 초등학생을 위한 빠른 구구단》을 기획하고 집필한 저자입니다. 또한 20년이 넘는 기간 동안 디딤돌, 한솔교육, 대교에서 초중등 콘텐츠를 연구, 기획, 개발했습니다.

바빠 교과서 연산 시리즈(개정판)

바빠 교과서 연산 2-1

(이 책은 2018년 11월에 출간한 '바쁜 2학년을 위한 빠른 교과서 연산 2-1'을 새 교육과정에 맞춰 개정했습니다.)

초판 1쇄 2024년 4월 30일
초판 2쇄 2025년 1월 7일
지은이 징검다리 교육연구소
발행인 이지연
펴낸곳 이지스퍼블리싱(주)
출판사 등록번호 제313-2010-123호
제조국명 대한민국
주소 서울시 마포구 잔다리로 109 이지스 빌딩 5층(우편번호 04003)
대표전화 02-325-1722
팩스 02-326-1723
이지스퍼블리싱 홈페이지 www.easyspub.com
이지스에듀 카페 www.easysedu.co.kr
바빠 아지트 블로그 blog.naver.com/easyspub
인스타그램 @easys_edu
페이스북 www.facebook.com/easyspub2014
이메일 service@easyspub.co.kr

기획 및 책임 편집 김현주 | 박지연, 정지연, 이지혜 표지 및 내지 디자인 손한나
교정 권민휘 일러스트 김학수, 이츠북스 전산편집 이츠북스 인쇄 js프린팅 독자 지원 박애림, 김수경
영업 및 문의 이주동, 김요한(support@easyspub.co.kr) 마케팅 라혜주

ISBN 979-11-6303-583-1
ISBN 979-11-6303-581-7(세트)
가격 11,000원

공부 습관을 만드는 첫 번째 연산 책!

이번 학기에 필요한 연산은 이 책으로 완성!

이번 학기 연산, 작은 발걸음 배치로 막힘 없이 풀 수 있어요!

'바빠 교과서 연산'은 이번 학기에 필요한 연산만 모아 똑똑한 방식으로 훈련하는 '학교 진도 맞춤 연산 책'이에요. **실제 학교에서 배우는 방식으로 설명**하고, 작은 발걸음 방식(small-step)으로 문제가 배치되어 막힘 없이 풀게 돼요. 여기에 이해를 돕고 실수를 줄여 주는 꿀팁까지! 수학 전문학원 원장님에게나 들을 수 있던 '바빠 꿀팁'과 책 곳곳에서 알려주는 빠독이의 힌트로 쉽게 이해하고 문제를 풀 수 있답니다.

산만해지는 주의력을 잡아 주는 이 책의 똑똑한 장치들!

이 책에서는 자릿수가 중요한 연산 문제는 모눈 위에서 정확하게 계산하도록 편집했어요. 또 **2학년 친구들이 자주 틀린 문제는 '앗! 실수' 코너로 한 번 더 짚어 주어 더 빠르고 완벽하게 학습**할 수 있답니다.
그리고 각 쪽마다 집중 시간이 적힌 목표 시계가 있어요. 이 시계는 속도를 독촉하기 위한 게 아니에요. 제시된 시간은 딴짓하지 않고 풀면 2학년 어린이가 충분히 풀 수 있는 시간입니다. 공부할 때 산만해지지 않도록 시간을 측정해 보세요. 집중하는 재미와 성취감을 동시에 맛보게 될 거예요.

엄마들이 감동한 책–**'우리 아이가 처음으로 끝까지 푼 문제집이에요!'**

이 책은 아직 공부 습관이 잡히지 않은 친구들에게도 딱이에요! 지난 5년간 '바빠 교과서 연산'을 경험한 학부모님들의 후기를 보면, '아이가 직접 고른 문제집이에요.', '처음으로 끝까지 다 푼 책이에요!', '연산을 싫어하던 아이가 이 책은 재밌다며 또 풀고 싶대요!' 등 아이들의 공부 습관을 꽉 잡아 준 책이라는 감동적인 서평이 가득합니다.
이 책을 푼 후, 학교에 가면 **수학 교과서를 미리 푼 효과로 수업 시간에도, 단원평가에도 자신감**이 생길 거예요. 새 교육과정에 맞춘 연산 훈련으로 수학 실력이 '쑤욱' 오르는 기쁨을 만나 보세요!

'바빠 교과서 연산' 이렇게 공부하세요!

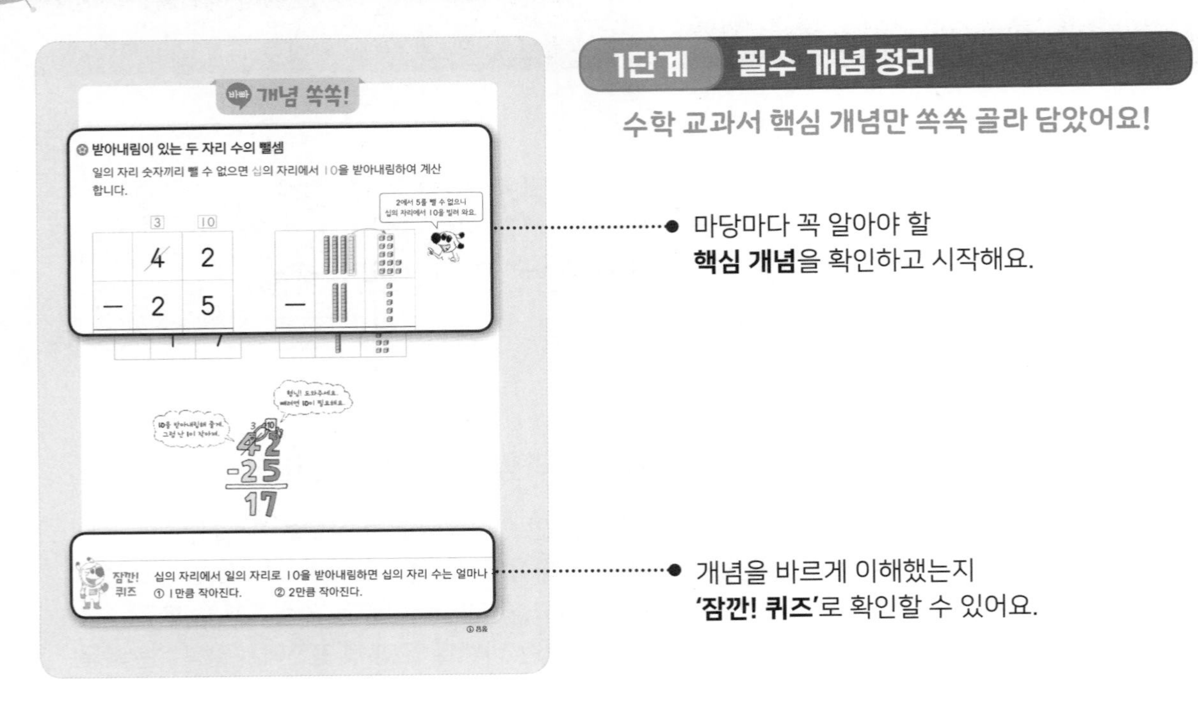

1단계 필수 개념 정리

수학 교과서 핵심 개념만 쏙쏙 골라 담았어요!

- 마당마다 꼭 알아야 할 **핵심 개념**을 확인하고 시작해요.
- 개념을 바르게 이해했는지 **'잠깐! 퀴즈'**로 확인할 수 있어요.

2단계 체계적인 연산 훈련

작은 발걸음 방식(small step)으로 차근차근 실력을 쌓아요.

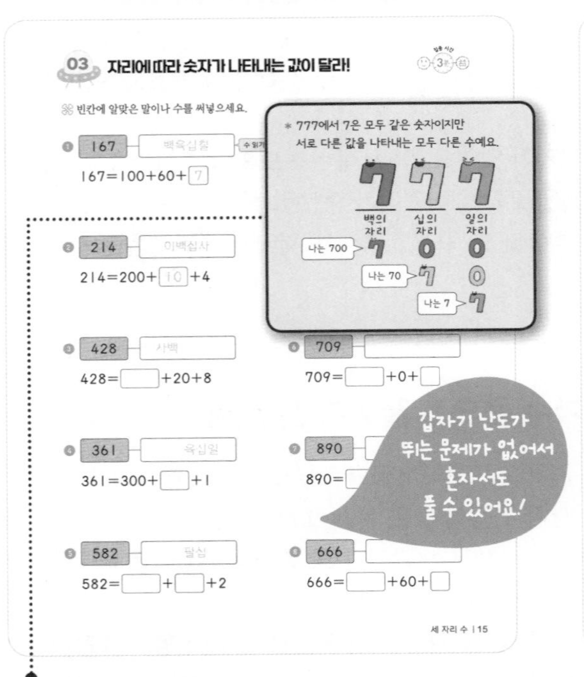

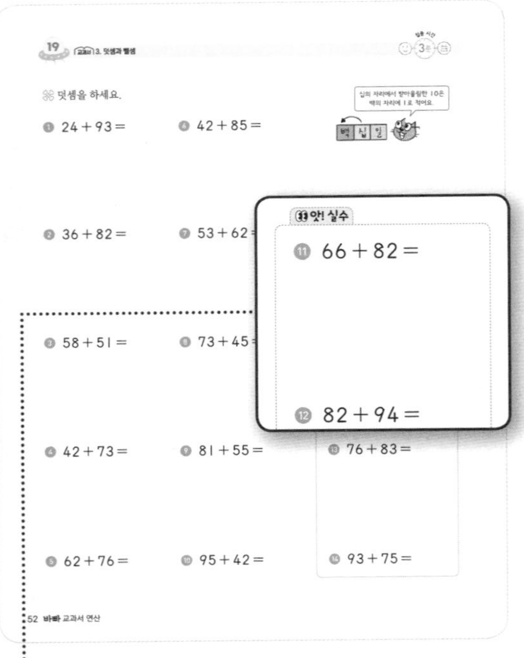

전국 수학학원 원장님들에게 모아 온
'연산 꿀팁!'으로 막힘없이 술술~ 풀 수 있어요.

'앗! 실수' 코너로 2학년 친구들이 자주 틀린 문제를 한 번 더 풀고 넘어가요.

3단계 보너스 문제

기초 문장제와 재미있는 연산 활동으로 수 응용력을 키워요!

08 생활 속 연산 — 세 자리 수

※ □ 안에 알맞은 수를 써넣으세요.

❶ 우리 할머니는 올해 99세입니다.
내년에 할머니의 연세는 □세입니다.

❷ 마늘 묶음을 세는 단위
마늘 한 접은 100개입니다.
마늘 2접은 □개입니다.

❹ 저금통 안에 100원짜리 동전이 4개, 10원짜리 동전이 5개 있습니다.
저금통 안에 있는 돈은 모두 □원입니다.

세 자리 수 | 25

'생활 속 기초 문장제'로 서술형의 기초를 다져요.

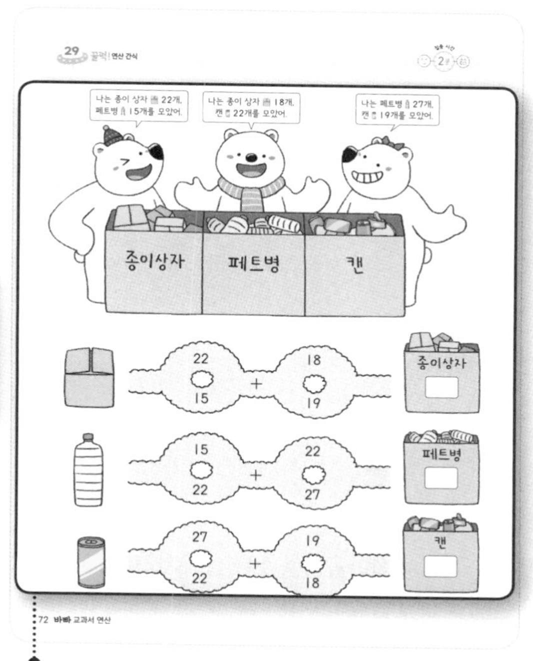

그림 그리기, 선 잇기 등 **'재미있는 연산 활동'**으로 **수 응용력**과 **사고력**을 키워요.

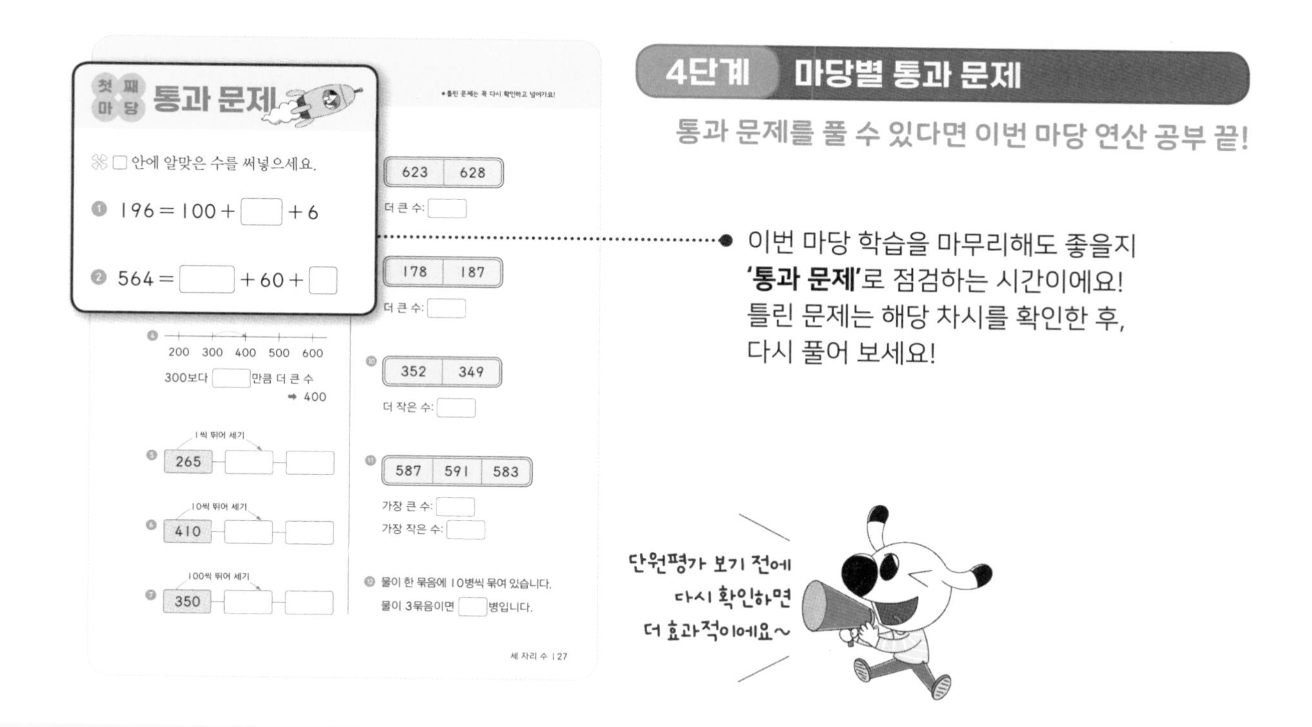

4단계 마당별 통과 문제

통과 문제를 풀 수 있다면 이번 마당 연산 공부 끝!

이번 마당 학습을 마무리해도 좋을지 **'통과 문제'**로 점검하는 시간이에요!
틀린 문제는 해당 차시를 확인한 후, 다시 풀어 보세요!

바빠 교과서 연산 2-1

지도 길잡이 1학년 때 배운 100까지의 수를 확장하여 세 자리 수를 배웁니다. 실생활에서 흔히 접하는 백 원짜리 동전을 이용하면 세 자리 수의 개념을 잡는 데 도움이 됩니다.

지도 길잡이 일의 자리에서 받아올림한 수 '1'을 십의 자리 위에 작게 쓰는 습관을 길러주세요. 받아올림한 수를 잊지 않고 더하는 습관을 들이면 실수를 줄일 수 있습니다.

예습하는 친구는 하루 한 장 5분씩,
복습하는 친구는 하루 두 장 10분씩 공부하면 좋아요!

교과서 3. 덧셈과 뺄셈
- 여러 가지 방법으로 뺄셈을 해 볼까요(1)
- 여러 가지 방법으로 뺄셈을 해 볼까요(2)
- 뺄셈을 해 볼까요

지도 길잡이 받아내림이 있는 뺄셈에서는 받아내림하고 남은 수와 받아내림한 수를 모두 작게 쓰고 계산해야 실수하지 않아요. 아이들이 실수하지 않도록 습관을 들여 주세요.

교과서 3. 덧셈과 뺄셈
- 세 수의 계산을 해 볼까요
- 덧셈과 뺄셈의 관계를 식으로 나타내 볼까요
- □가 사용된 식을 만들고 □의 값을 구해 볼까요

지도 길잡이 덧셈과 뺄셈의 관계는 수직선을 이용하면 이해가 쉽습니다. 수직선 그림을 그려서 부분과 전체의 관계를 이해하도록 지도해 주세요. 세 수의 계산은 뺄셈이 하나라도 섞여 있으면 반드시 앞에서부터 차례대로 계산하도록 지도해 주세요.

교과서 6. 곱셈
- 여러 가지 방법으로 세어 볼까요
- 묶어 세어 볼까요
- 몇의 몇 배로 나타내 볼까요
- 곱셈식으로 나타내 볼까요

지도 길잡이 같은 수를 여러 번 더한 식을 곱셈으로 간단하게 나타낼 수 있다는 것을 알게 해 주세요. 이 마당은 2학년 2학기 '곱셈구구' 단원을 준비하는 단계입니다.

오늘 공부한
단계를 색칠해
보세요!
01
02
03
04
05

첫째 마당

세 자리 수

교과서 1. 세 자리 수

06

07

08

바빠 개념 쏙쏙!

백, 몇백

100	200	300	400	500	600	700	800	900
백	이백	삼백	사백	오백	육백	칠백	팔백	구백

세 자리 수

239는 100이 2개, 10이 3개, 1이 9개입니다.

2는 백의 자리 숫자이고, 200을 나타냅니다.

3은 십의 자리 숫자이고, 30을 나타냅니다.

9는 일의 자리 숫자이고, 9를 나타냅니다.

$$239 = 200 + 30 + 9$$

난 그냥 2가 아니야.
200을 나타내지.
이백
삼십
구

잠깐! 퀴즈 324에서 3이 나타내는 수는 얼마일까요?

① 3　　② 30　　③ 300

정답 ③

01 백, 몇백 쓰고 읽기

수 모형이 나타내는 수를 빈칸에 쓰고, 읽어 보세요.

1
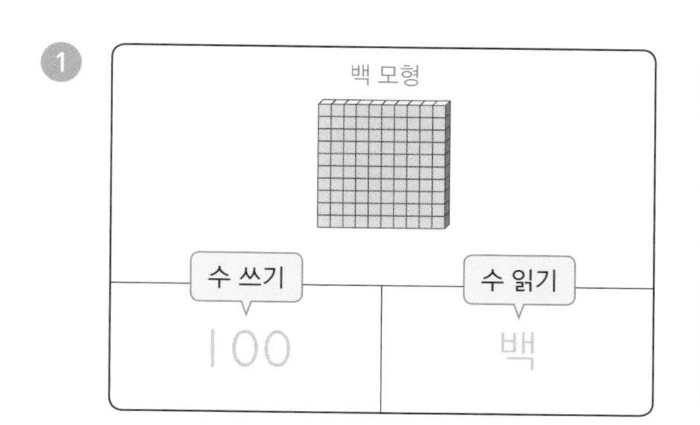

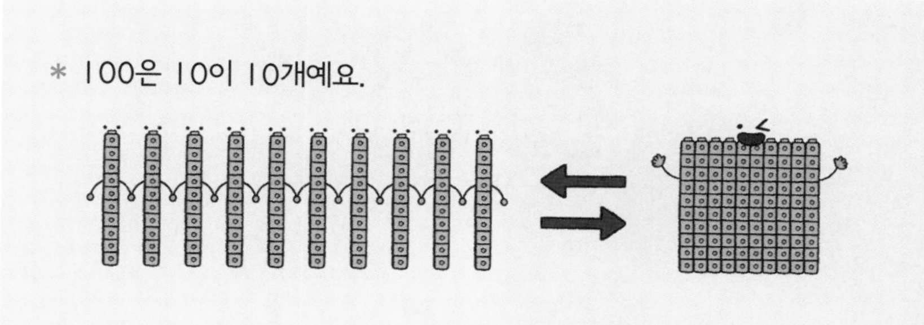

2
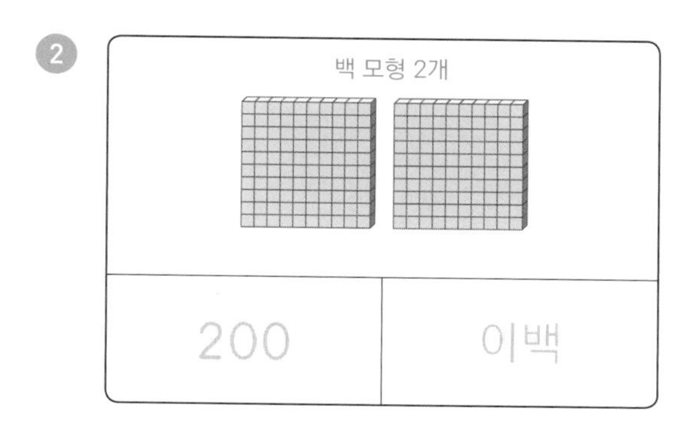

3
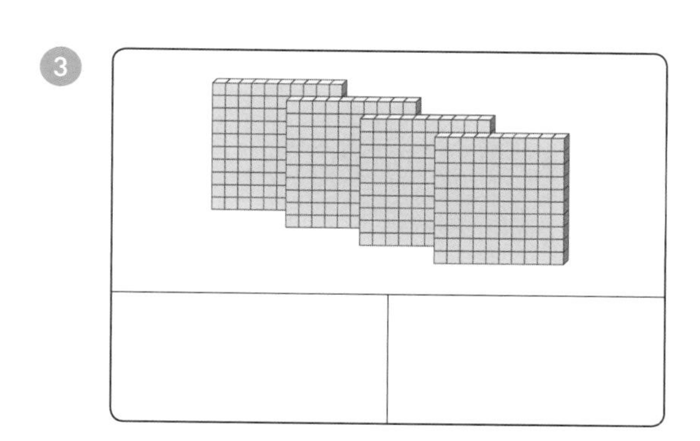

4
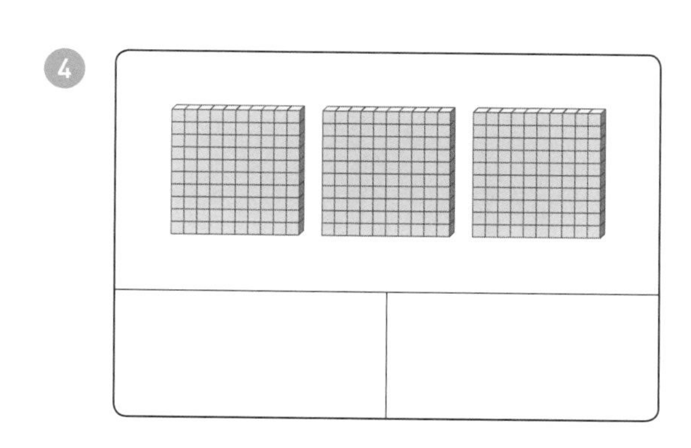

5
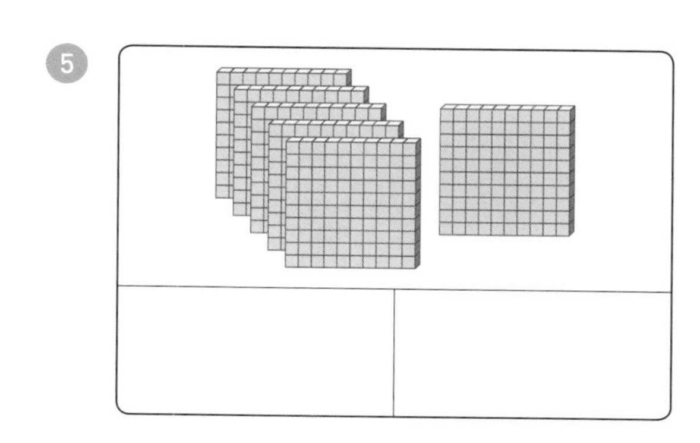

6
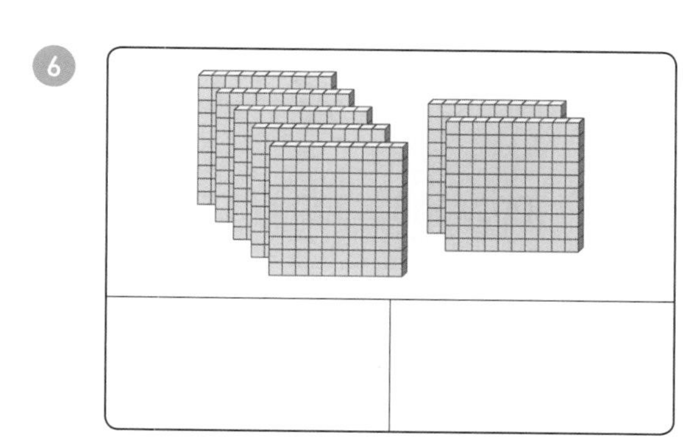

7
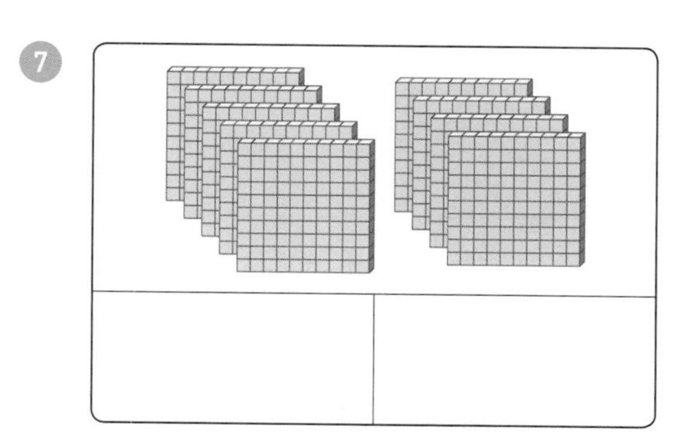

※ 관계있는 것끼리 선으로 이어 보세요.

1
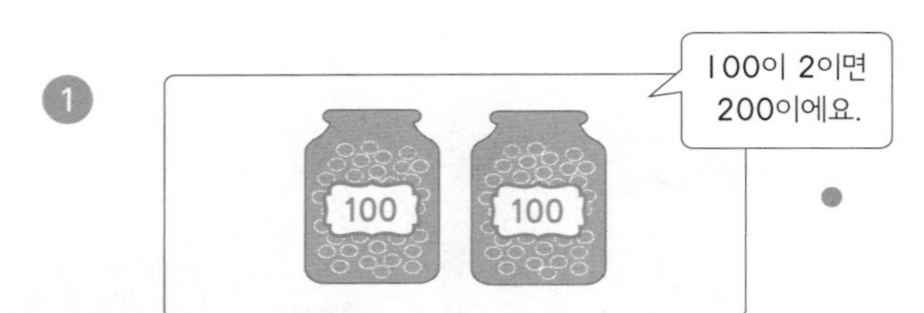
100이 2이면
200이에요.

2
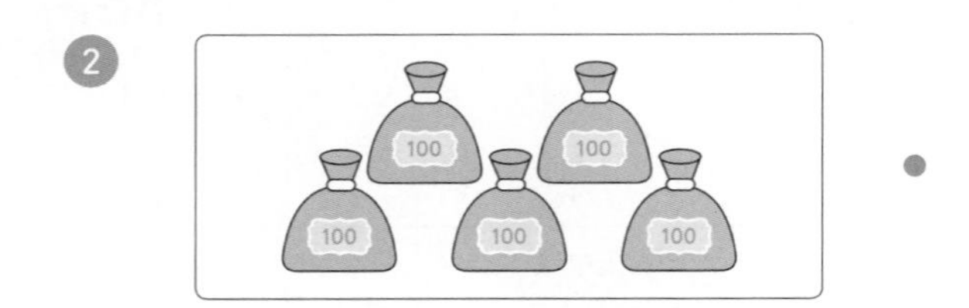

3
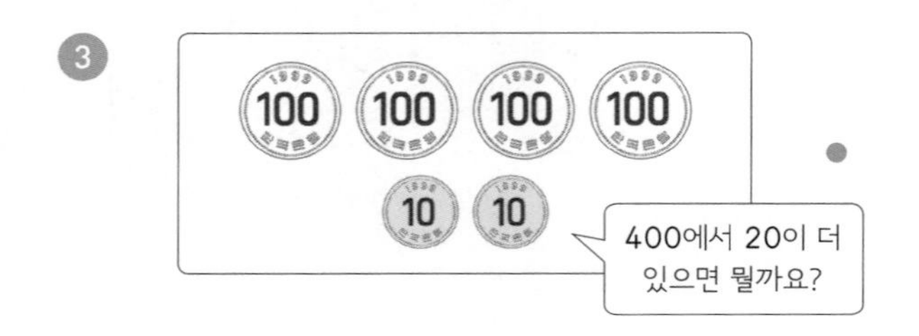
400에서 20이 더
있으면 뭘까요?

4
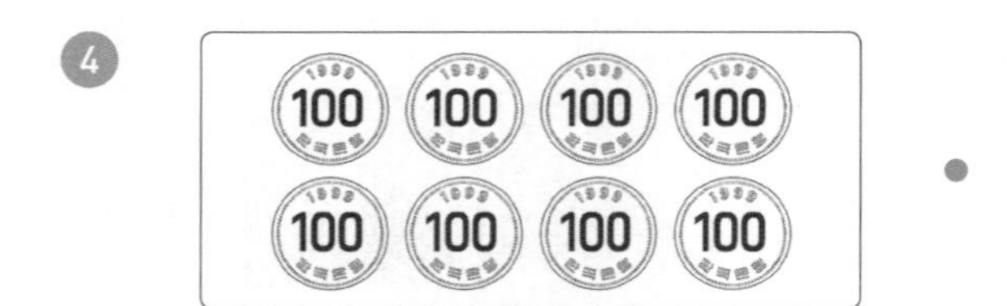

5
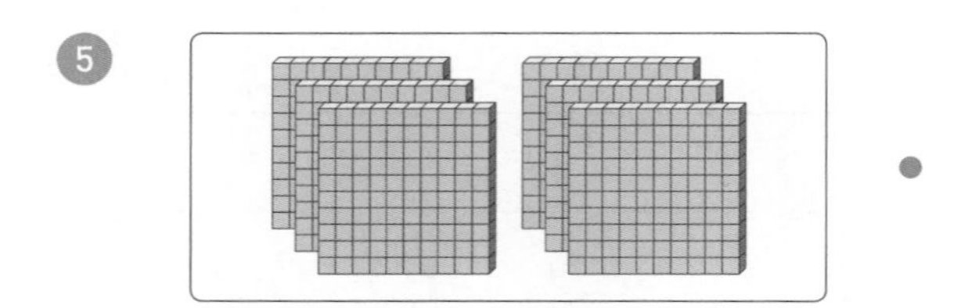

6
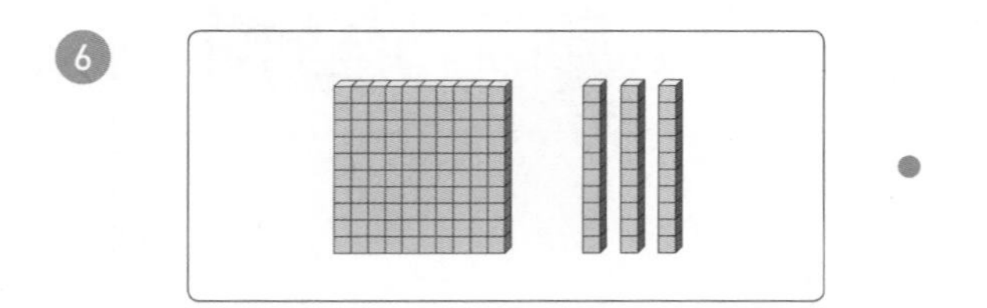

- 팔백
- 500
- 420
- 200
- 육백
- 130

02 세 자리 수 쓰고 읽기

□ 안에 알맞은 수를 쓰고, 읽어 보세요.

백 → 십 → 일의 순서대로
수 모형의 개수를 세어 적으면 쉬워요.

1 백 모형 십 모형 일 모형

100이 2, 10이 4, 1이 7

➡ 247

읽기 이백사십칠

2

100이 □, 10이 □, 1이 □

➡ □

읽기 백칠십사

3

100이 □, 10이 □, 1이 □

➡ □

읽기 삼백

4

100이 □, 10이 □, 1이 □

➡ □

읽기 이십육

5

100이 □, 10이 □, 1이 □

일 모형은 0개

➡ □

읽기 □

6

100이 □, 10이 0, 1이 □

➡ □

읽기 □

십의 자리 숫자가 0이면 읽지 않아요.
'칠백영삼'이라고 읽지 않아요.

집중 시간 2분

※ 수 모형이 나타내는 수를 쓰고, 읽어 보세요.

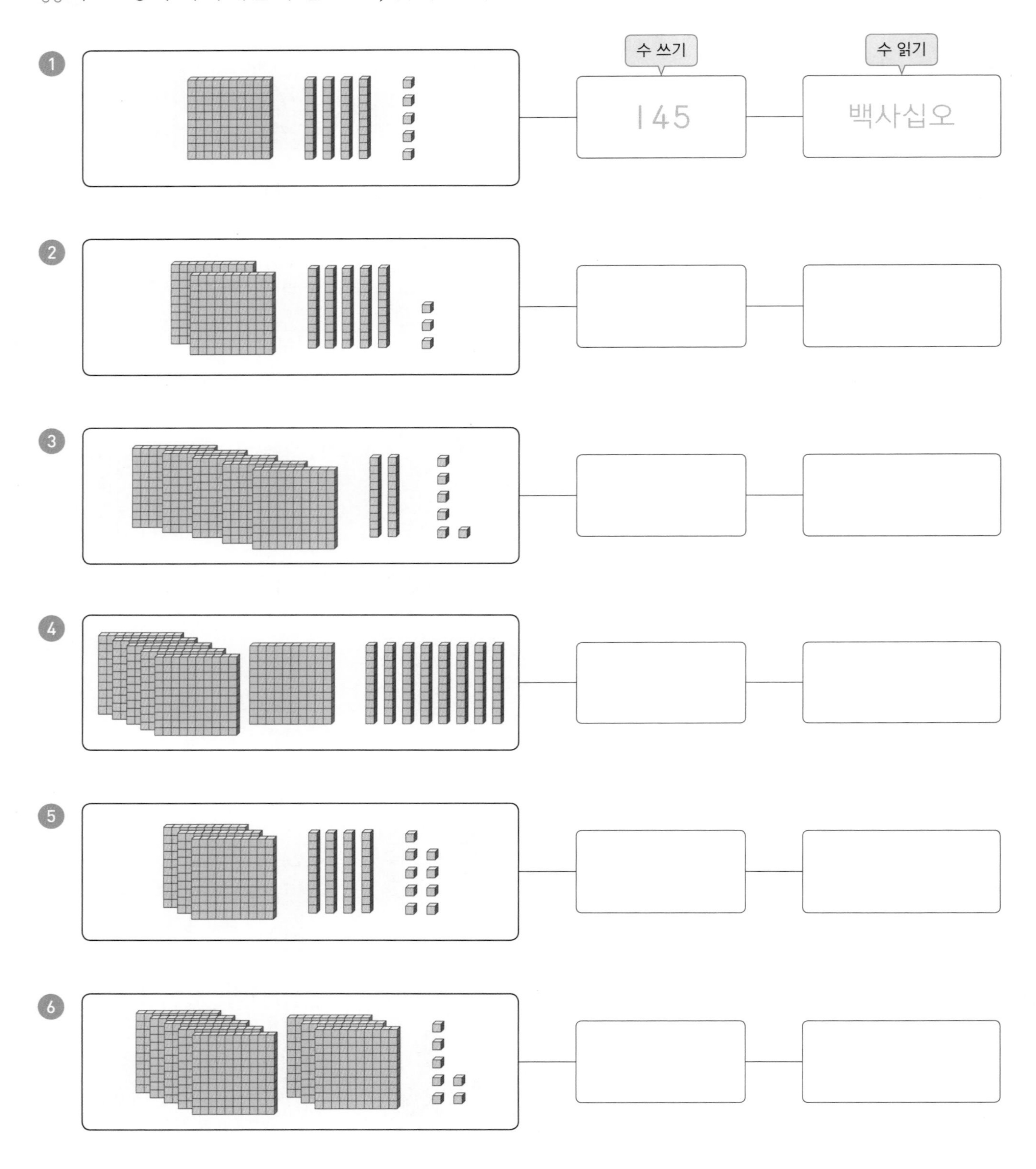

03 자리에 따라 숫자가 나타내는 값이 달라!

집중 시간
3분

빈칸에 알맞은 말이나 수를 써넣으세요.

❶ 167 — 백육십칠 (수 읽기)

167=100+60+7

❷ 214 — 이백십사

214=200+10+4

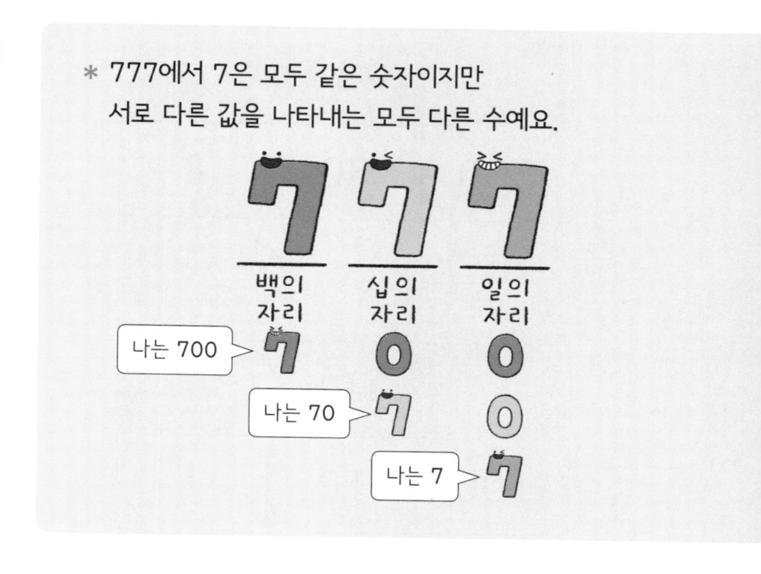
* 777에서 7은 모두 같은 숫자이지만
서로 다른 값을 나타내는 모두 다른 수예요.
백의 자리
십의 자리
일의 자리
나는 700
나는 70
나는 7

❸ 428 — 사백

428=□+20+8

❹ 361 — 육십일

361=300+□+1

❺ 582 — 팔십

582=□+□+2

❻ 709 — □

709=□+0+□

❼ 890 — □

890=□+□+0

❽ 666 — □

666=□+60+□

※ 밑줄 친 숫자가 나타내는 값에 ○표 하세요.

먼저 수를 소리 내어 읽어 보세요.
각 자리가 나타내는 값을 쉽게 알 수 있어요.

①

258		
800	80	8

②

105		
100	10	1

③

341		
400	40	4

④

639		
600	60	6

⑤

720		
200	20	2

⑥

462		
200	20	2

⑦

637		
300	30	3

⑧

770		
700	70	7

⑨

555		
500	50	5

⑩

901		
900	90	9

1씩, 10씩, 100씩 뛰어 세기

그림을 보고 □ 안에 알맞은 수를 써넣으세요.

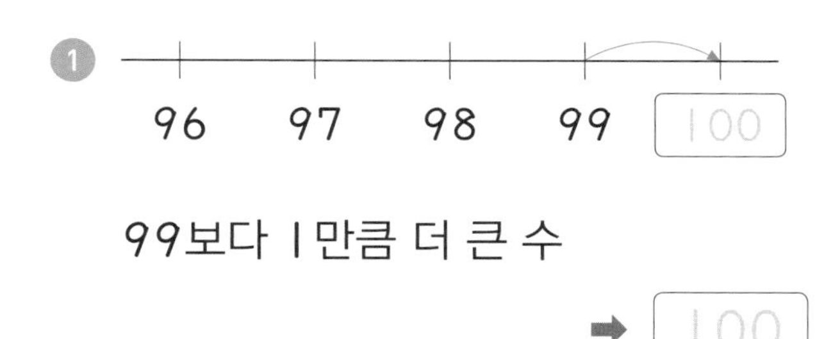

99보다 1만큼 더 큰 수

➡ 100

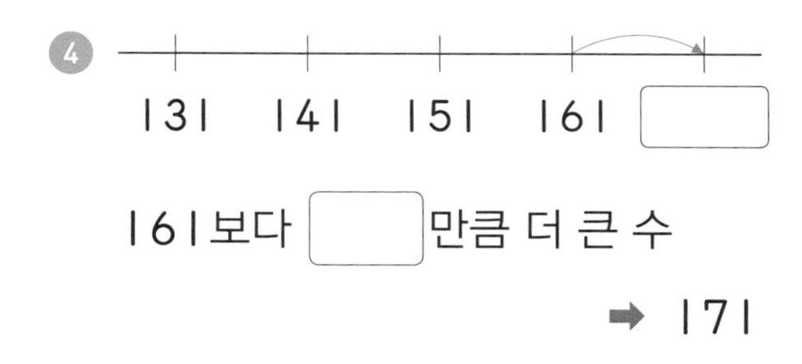

161보다 □만큼 더 큰 수

➡ 171

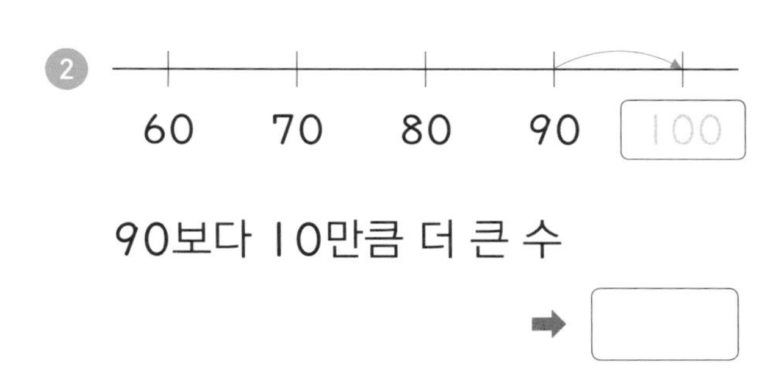

90보다 10만큼 더 큰 수

➡ □

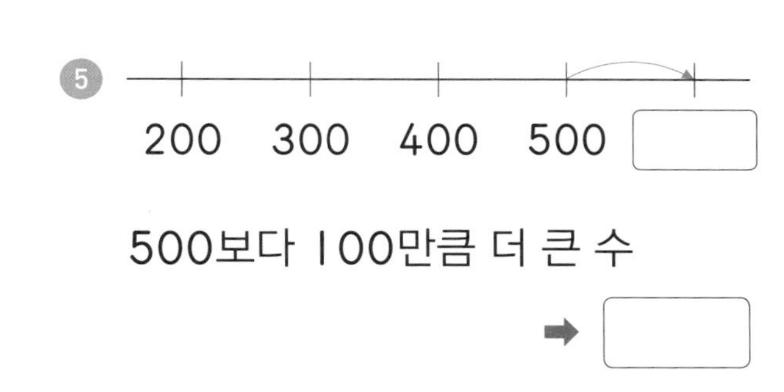

500보다 100만큼 더 큰 수

➡ □

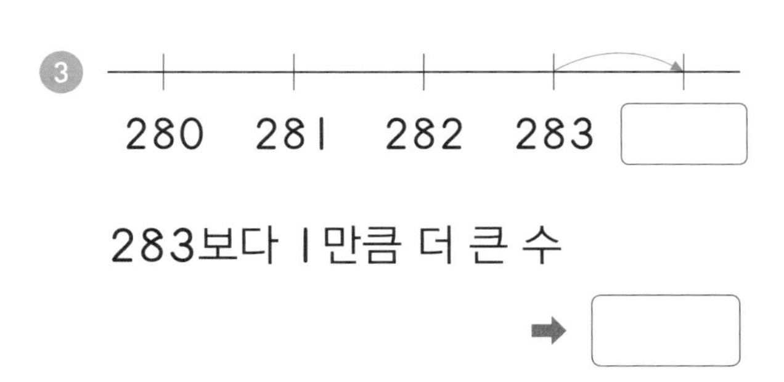

283보다 1만큼 더 큰 수

➡ □

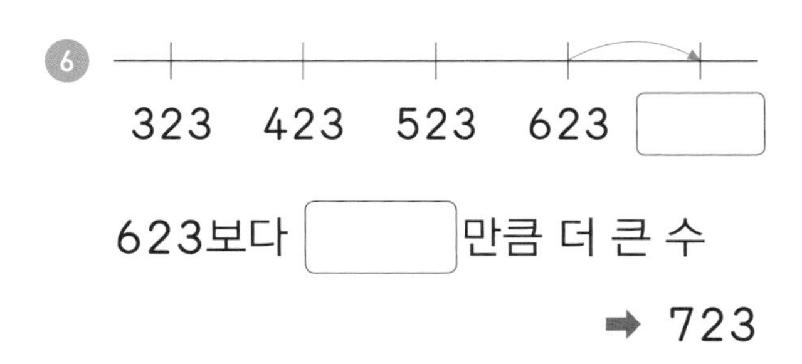

623보다 □만큼 더 큰 수

➡ 723

집중 시간
2분

뛰어 세어 보세요.

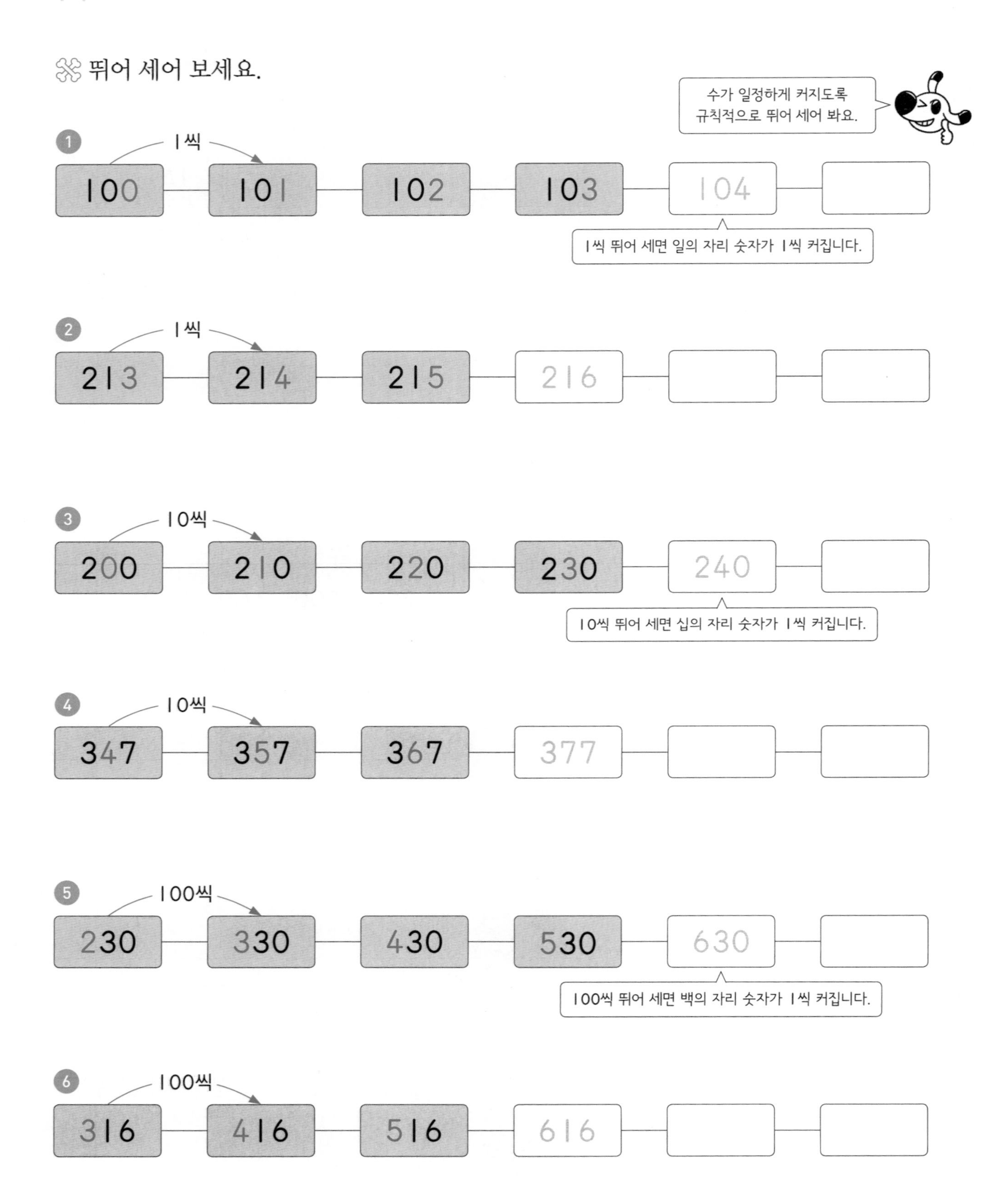
수가 일정하게 커지도록
규칙적으로 뛰어 세어 봐요.
1 1씩
100
101
102
103
104
1씩 뛰어 세면 일의 자리 숫자가 1씩 커집니다.
2 1씩
213
214
215
216
3 10씩
200
210
220
230
240
10씩 뛰어 세면 십의 자리 숫자가 1씩 커집니다.
4 10씩
347
357
367
377
5 100씩
230
330
430
530
630
100씩 뛰어 세면 백의 자리 숫자가 1씩 커집니다.
6 100씩
316
416
516
616

1씩, 10씩, 100씩 뛰어 세기 집중 연습

뛰어 세어 보세요.

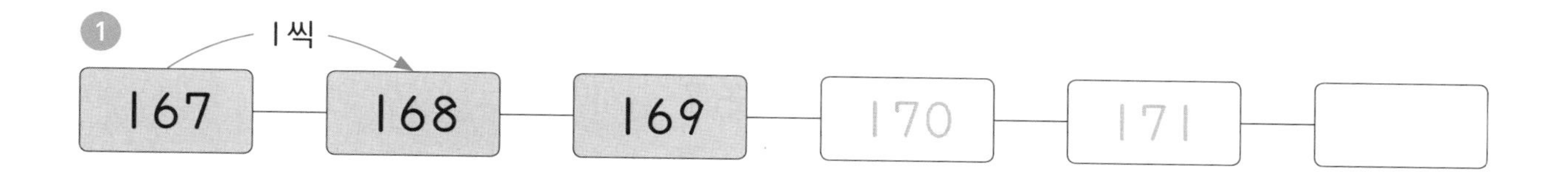

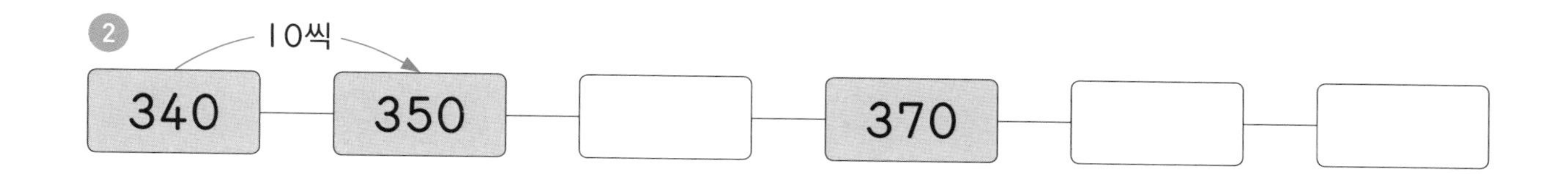

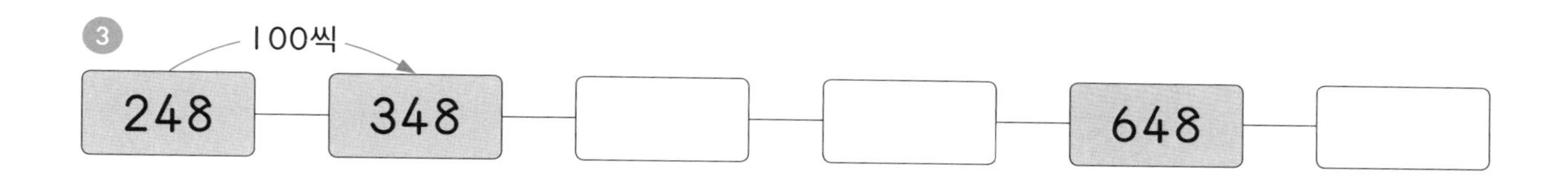

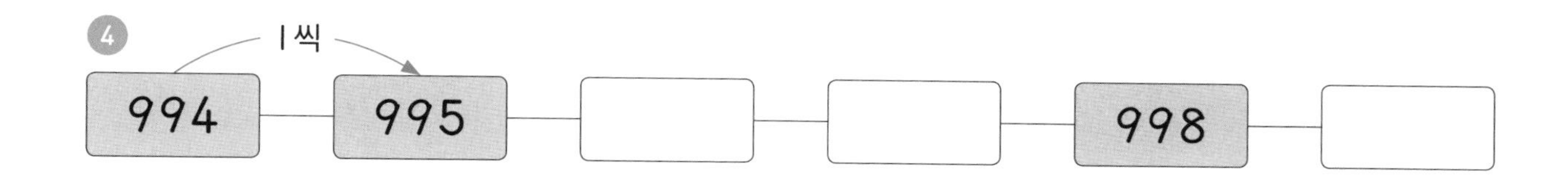

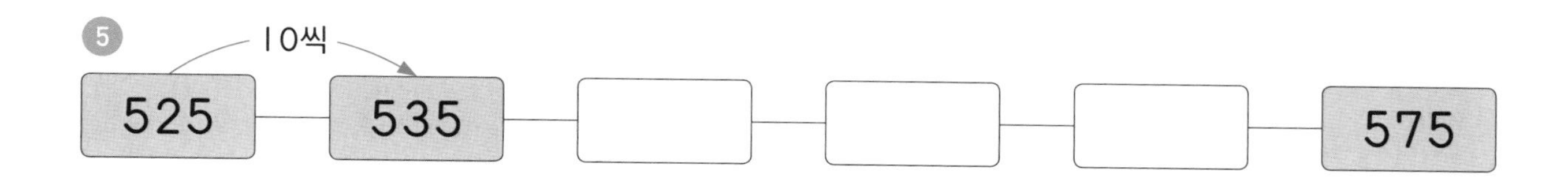

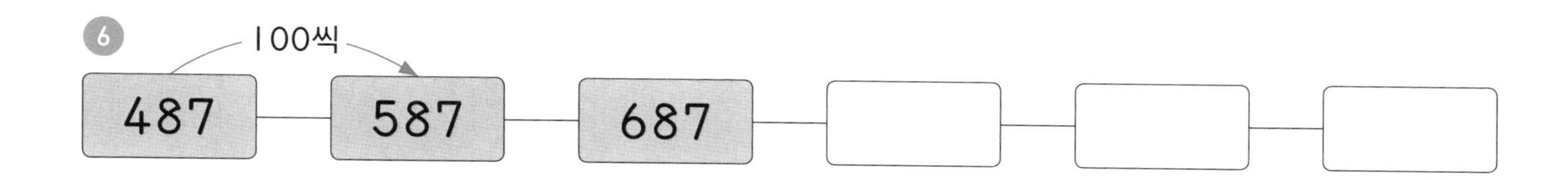

집중 시간 2분

뛰어 세어 보세요.

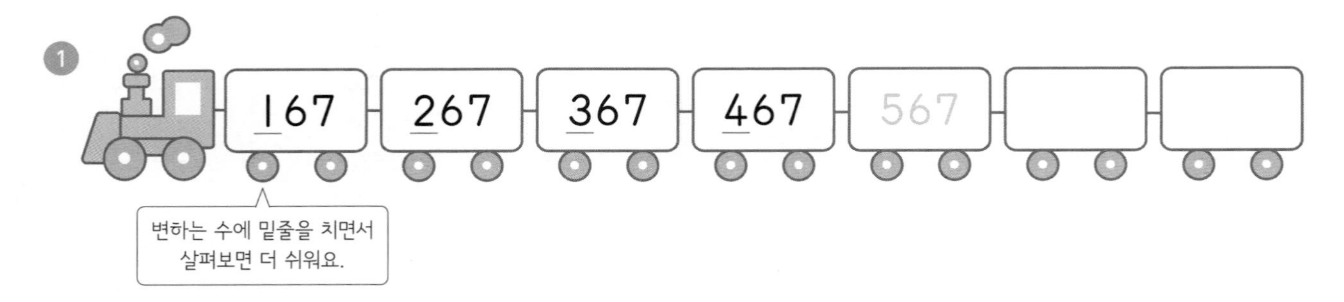

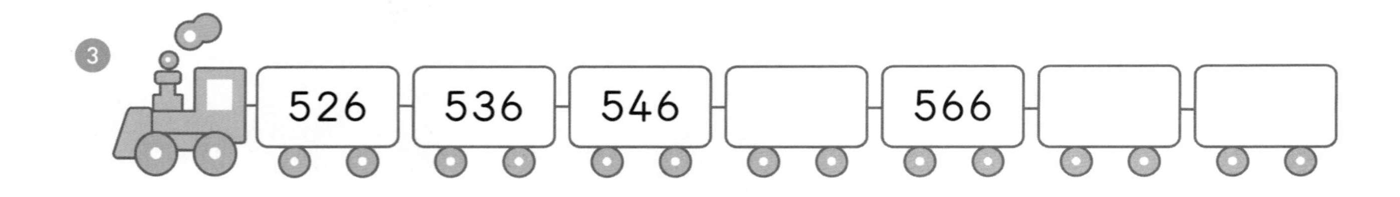

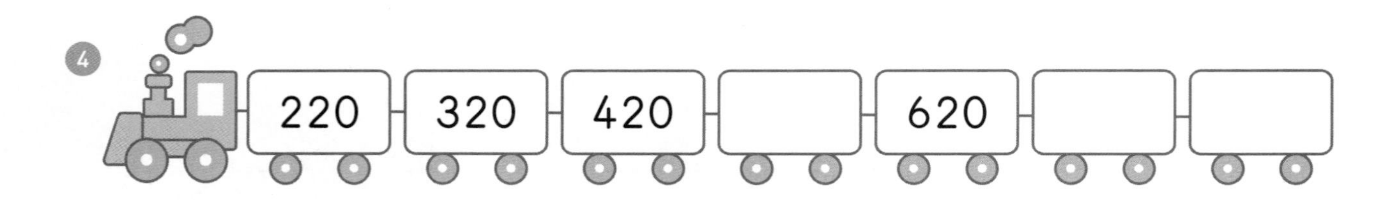

06 백의 자리 숫자부터 차례대로 비교하자

빈칸에 알맞은 수를 써넣고, 알맞은 말에 ◯표 하세요.

1

	백의 자리	십의 자리	일의 자리
285 ➡	2	8	5
283 ➡	2	8	3

285는 283보다 (큽니다 , 작습니다).

* 수의 크기 비교하기

❶ 백의 자리 숫자부터 비교합니다.

⬇ 백의 자리의 숫자가 같으면?

❷ 십의 자리 숫자를 비교합니다.

⬇ 십의 자리의 숫자가 같으면?

❸ 일의 자리 숫자를 비교합니다.

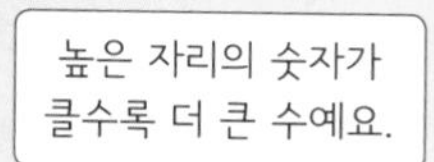

높은 자리의 숫자가
클수록 더 큰 수예요.

2

	백의 자리	십의 자리	일의 자리
264 ➡	2	6	4
165 ➡			

264는 165보다 (큽니다 , 작습니다).

3

	백의 자리	십의 자리	일의 자리
318 ➡	3	1	8
325 ➡			

318은 325보다 (큽니다 , 작습니다).

4

	백의 자리	십의 자리	일의 자리
602 ➡	6	0	2
546 ➡			

602는 546보다 (큽니다 , 작습니다).

5

	백의 자리	십의 자리	일의 자리
439 ➡	4	3	9
437 ➡			

439는 437보다 (큽니다 , 작습니다).

6

	백의 자리	십의 자리	일의 자리
703 ➡	7	0	3
730 ➡			

703은 730보다 (큽니다 , 작습니다).

7

	백의 자리	십의 자리	일의 자리
893 ➡	8	9	3
971 ➡			

893은 971보다 (큽니다 , 작습니다).

두 수의 크기를 비교하여 ◯ 안에 > 또는 <를 알맞게 써넣으세요.

1

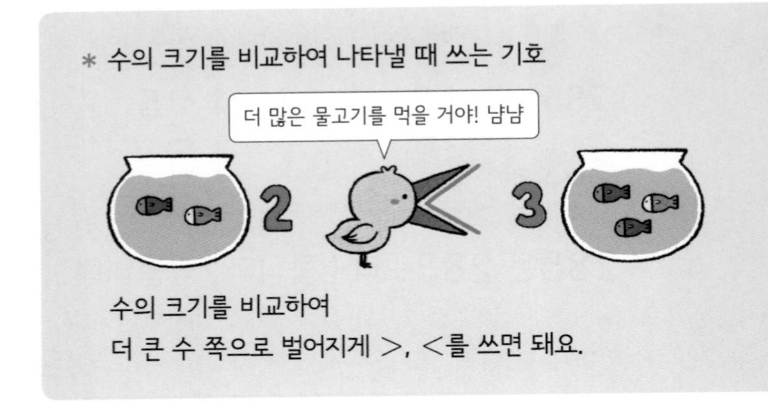

* 수의 크기를 비교하여 나타낼 때 쓰는 기호
더 많은 물고기를 먹을 거야! 냠냠
2
3
수의 크기를 비교하여
더 큰 수 쪽으로 벌어지게 >, <를 쓰면 돼요.

2
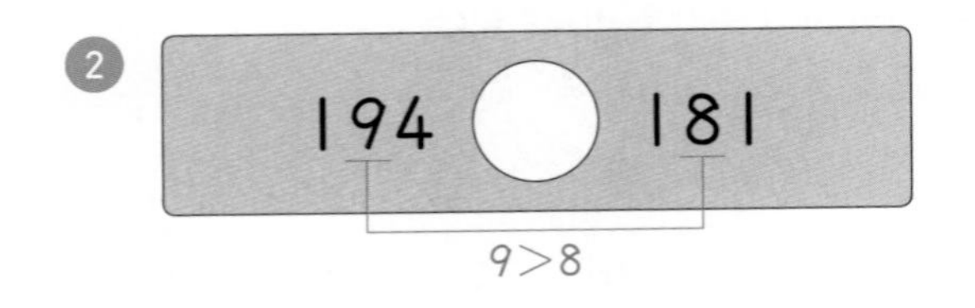

3

4

5
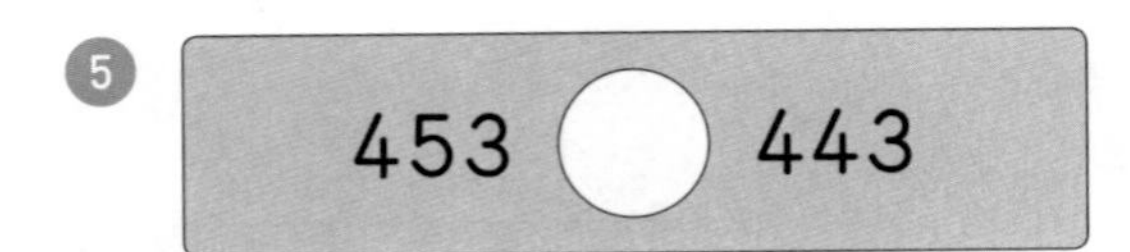

6 678 ◯ 768

7

8

9

10

07 더 큰 수, 더 작은 수 찾기

□ 안에 알맞은 수를 써넣으세요.

1. | 362 | 236 |
   |---|---|

   더 큰 수: □

2. | 681 | 691 |
   |---|---|

   더 큰 수: □

3. | 976 | 967 |
   |---|---|

   더 큰 수: □

4. | 452 | 540 |
   |---|---|

   더 큰 수: □

5. | 897 | 890 |
   |---|---|

   더 큰 수: □

6. | 245 | 254 |
   |---|---|

   더 작은 수: □

7. | 446 | 464 |
   |---|---|

   더 작은 수: □

8. | 574 | 571 |
   |---|---|

   더 작은 수: □

9. | 369 | 469 |
   |---|---|

   더 작은 수: □

10. | 843 | 834 |
    |---|---|

    더 작은 수: □

세 수를 비교할 때도 마찬가지예요. 백의 자리 숫자부터 비교해 봐요!

※ □ 안에 알맞은 수를 써넣으세요.

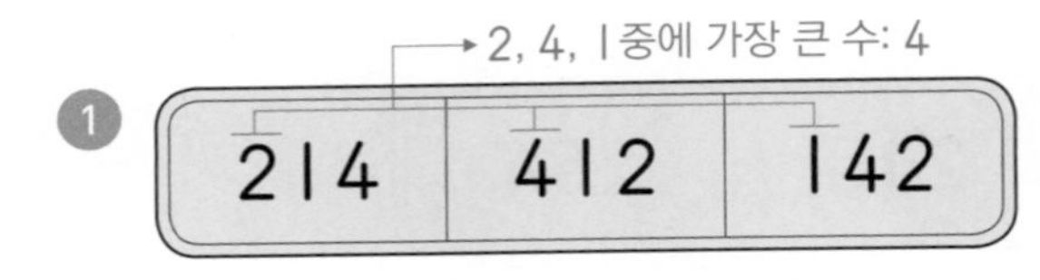

① 214 | 412 | 142

가장 큰 수: □

② 370 | 350 | 390

가장 큰 수: □

③ 485 | 585 | 385

가장 큰 수: □

④ 423 | 442 | 432

가장 큰 수: □

⑤ 867 | 768 | 807

가장 큰 수: □

⑥ 609 | 607 | 608

가장 작은 수: □

⑦ 254 | 412 | 336

가장 작은 수: □

⑧ 546 | 542 | 548

가장 작은 수: □

⑨ 747 | 731 | 728

가장 작은 수: □

⑩ 951 | 925 | 942

가장 작은 수: □

08 생활 속 연산 — 세 자리 수

☐ 안에 알맞은 수를 써넣으세요.

1

우리 할머니는 올해 99세입니다.

내년에 할머니의 연세는 ☐ 세입니다.

나이의 높임말

2

마늘 묶음을 세는 단위

마늘 한 접은 100개입니다.

마늘 2접은 ☐ 개입니다.

3

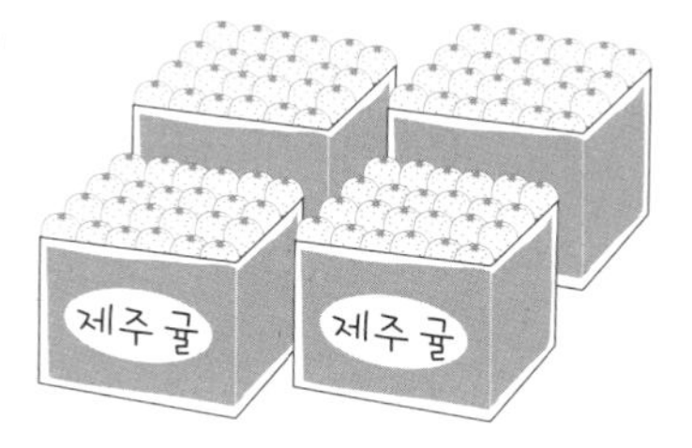

귤이 한 상자에 100개씩 들어 있습니다.

귤이 4상자이면 ☐ 개입니다.

4

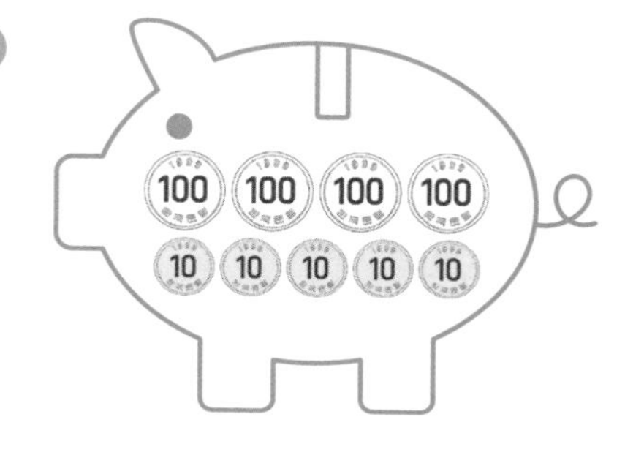

저금통 안에 100원짜리 동전이 4개, 10원짜리 동전이 5개 있습니다.

저금통 안에 있는 돈은 모두 ☐ 원입니다.

08 꿀떡! 연산 간식

※ 동물 친구들이 짝을 찾고 있어요. 깃발에 적힌 수가 같은 두 친구가 서로 짝이에요. 짝끼리 선으로 이어 보고, 짝이 없는 친구는 짝을 그려 주세요.

*틀린 문제는 꼭 다시 확인하고 넘어가요!

□ 안에 알맞은 수를 써넣으세요.

1. 

2. 

3. 32 33 34 35 36

34보다 1만큼 더 큰 수 ➡ □

4. 200 300 400 500 600

300보다 □만큼 더 큰 수 ➡ 400

5. 1씩 뛰어 세기

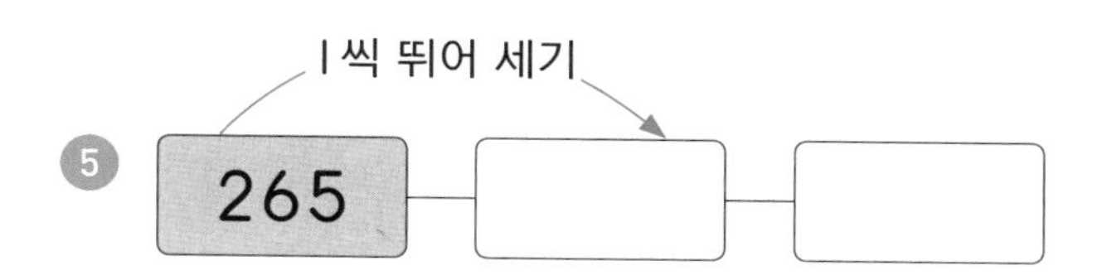

6. 10씩 뛰어 세기

410 — □ — □

7. 100씩 뛰어 세기

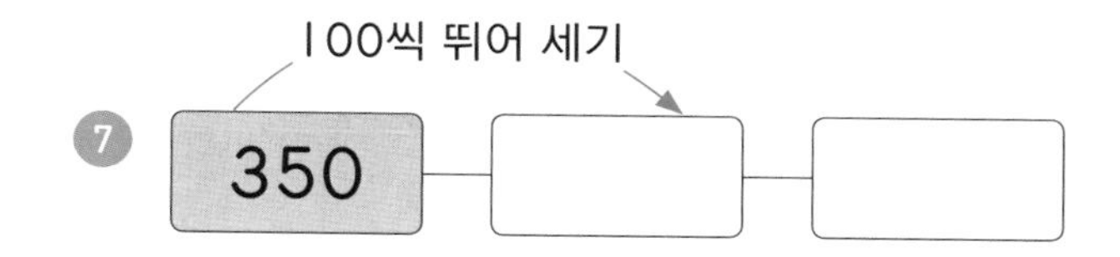

8.

623	628

더 큰 수: □

9.

178	187

더 큰 수: □

10.

352	349

더 작은 수: □

11.

587	591	583

가장 큰 수: □

가장 작은 수: □

12. 물이 한 묶음에 10병씩 묶여 있습니다.

물이 3묶음이면 □병입니다.

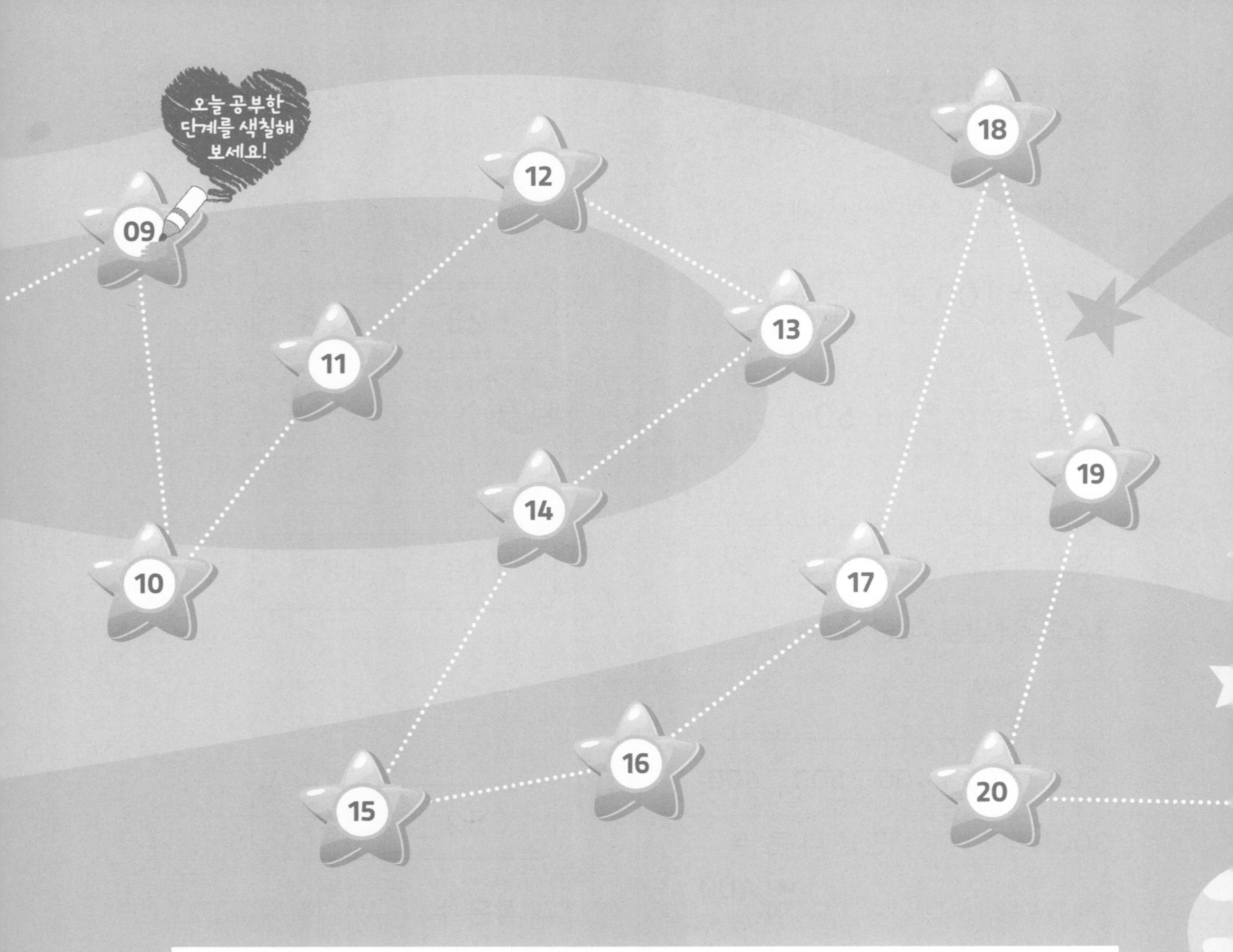
오늘 공부한
단계를 색칠해
보세요!
09
10
11
12
13
14
15
16
17
18
19
20

둘째 마당

덧셈

교과서 3. 덧셈과 뺄셈

21 22 23 24 25 26 27 28 29

바빠 개념 쏙쏙!

✪ 받아올림이 있는 두 자리 수의 덧셈

각 자리 숫자끼리의 합이 10이거나 10보다 크면 10을 윗자리로 받아올림하여 계산합니다.

① 일의 자리에서 받아올림한 수는 십의 자리로!

	1	
	2	9
+	1	4
	4	3

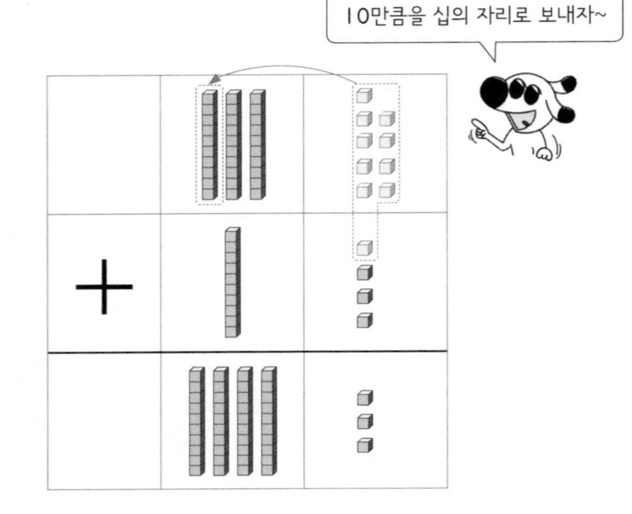

10이 넘었어!
10만큼을 십의 자리로 보내자~

② 십의 자리에서 받아올림한 수는 백의 자리로!

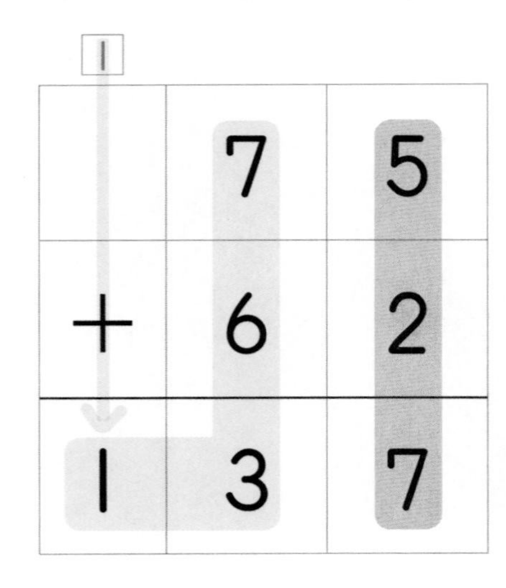

09 일의 자리 숫자의 합이 10이거나, 10보다 크면?

덧셈을 하세요.

일의 자리에서 받아올림한 수를 십의 자리 위에 작게 1로 쓰고, 십의 자리 수와 더해 계산해요.

① $\begin{array}{r} \scriptstyle 1 \\ 17 \\ +\ \ 3 \\ \hline 20 \end{array}$

❶ 7+3=10
❷ 1+1=2

② $\begin{array}{r} 24 \\ +\ \ 6 \\ \hline \end{array}$

③ $\begin{array}{r} 49 \\ +\ \ 1 \\ \hline \end{array}$

④ $\begin{array}{r} 35 \\ +\ \ 5 \\ \hline \end{array}$

⑤ $\begin{array}{r} 52 \\ +\ \ 8 \\ \hline \end{array}$

⑥ $\begin{array}{r} 36 \\ +\ \ 5 \\ \hline \end{array}$

⑦ $\begin{array}{r} 25 \\ +\ \ 9 \\ \hline \end{array}$

⑧ $\begin{array}{r} 57 \\ +\ \ 6 \\ \hline \end{array}$

⑨ $\begin{array}{r} 45 \\ +\ \ 7 \\ \hline \end{array}$

⑩ $\begin{array}{r} 69 \\ +\ \ 2 \\ \hline \end{array}$

⑪ $\begin{array}{r} 45 \\ +\ \ 7 \\ \hline \end{array}$

⑫ $\begin{array}{r} 59 \\ +\ \ 3 \\ \hline \end{array}$

⑬ $\begin{array}{r} 66 \\ +\ \ 8 \\ \hline \end{array}$

⑭ $\begin{array}{r} 58 \\ +\ \ 7 \\ \hline \end{array}$

⑮ $\begin{array}{r} 76 \\ +\ \ 6 \\ \hline \end{array}$

덧셈을 하세요.

번호	십	일	번호	십	일	번호	십	일
❶	2	7	❻	4	6	⓫	5	3
+		3	+		7	+		8
❷	3	3	❼	3	8	⓬	7	4
+		9	+		8	+		9
❸	5	4	❽	6	5	⓭	6	7
+		8	+		6	+		4
❹	3	6	❾	5	9	⓮	7	6
+		5	+		7	+		7
❺	6	8	❿	7	7	⓯	8	9
+		2	+		8	+		6

일의 자리에서 받아올림한 수는 십의 자리로!

덧셈을 하세요.

일의 자리 숫자끼리의 합이
10이거나 10보다 크면
십의 자리로 받아올림해서 계산해요.

(십 | 일)

① 26 + 4 =

② 32 + 8 =

③ 35 + 7 =

④ 48 + 4 =

⑤ 55 + 8 =

⑥ 29 + 5 =

⑦ 46 + 6 =

⑧ 38 + 5 =

⑨ 85 + 9 =

⑩ 67 + 9 =

⑪ 57 + 4 =

⑫ 67 + 7 =

⑬ 76 + 4 =

⑭ 54 + 9 =

⑮ 84 + 7 =

집중 시간 3분

세로셈으로 나타내고, 덧셈을 하세요.

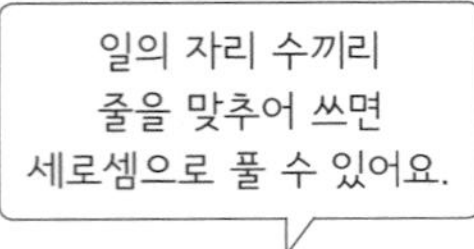
일의 자리 수끼리
줄을 맞추어 쓰면
세로셈으로 풀 수 있어요.

① 29+6

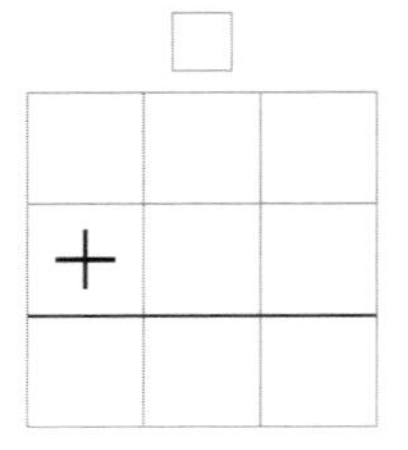

⑤ 34+7

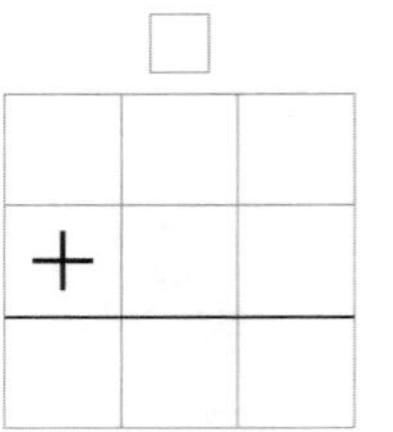

⑨ 47+6

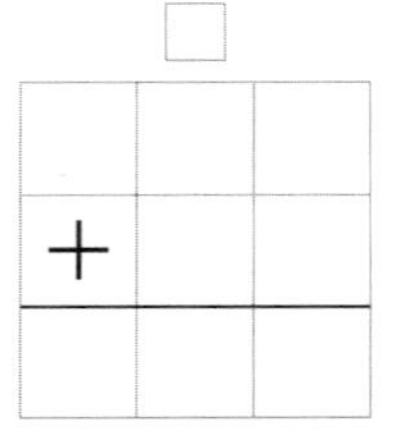

② 33+8

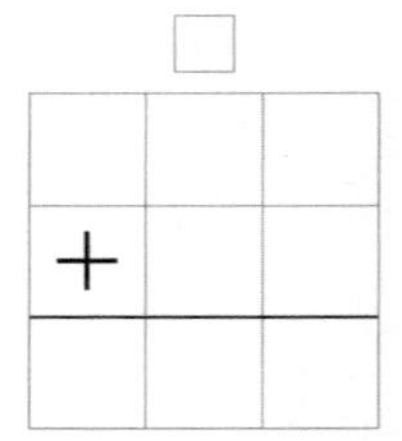

⑥ 48+6

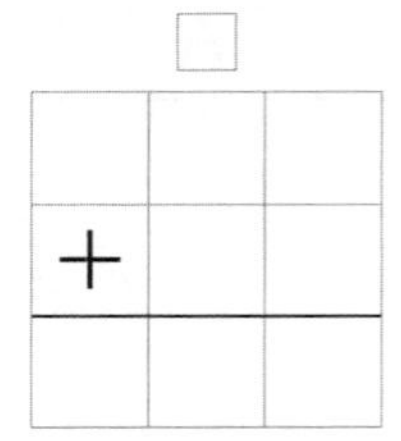

⑩ 58+8

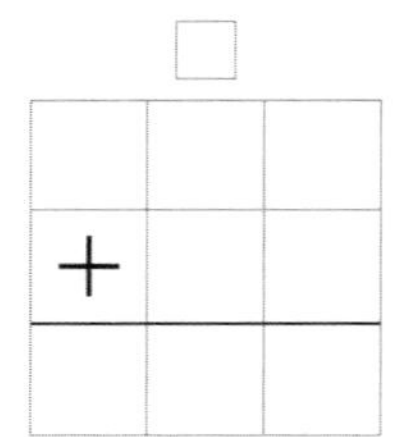

③ 45+7

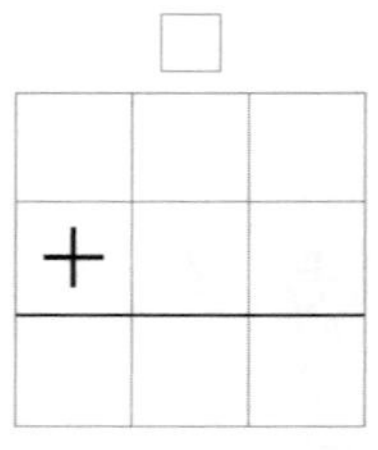

⑦ 73+7

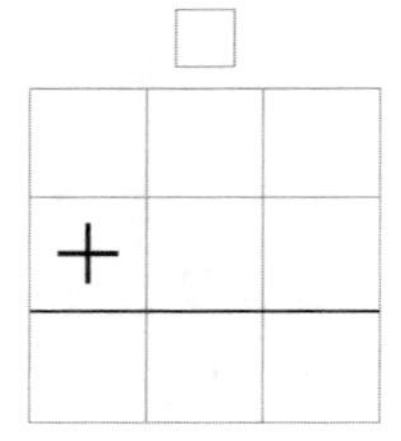

⑪ 66+5

④ 57+8

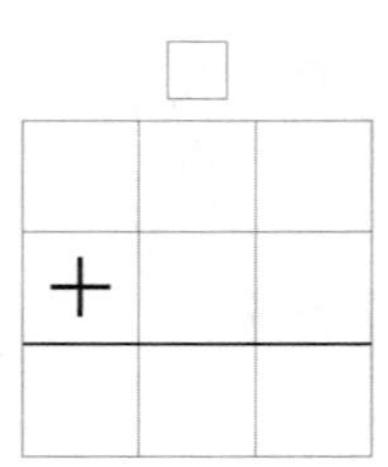

⑧ 56+7

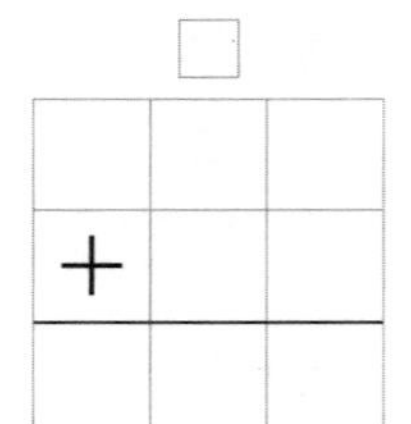

⑫ 88+9

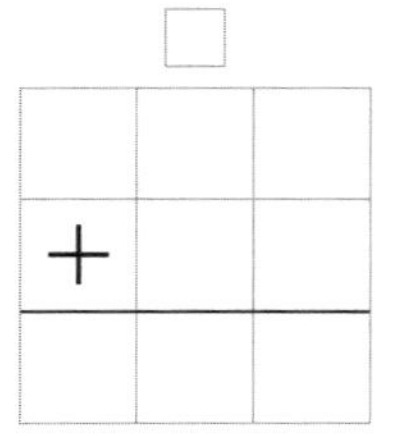

11 가로셈을 쉽게 푸는 비법

※ 덧셈을 하세요.

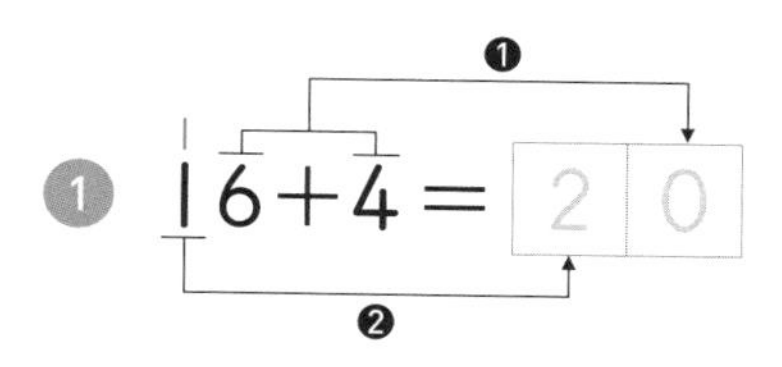

＊ 가로셈을 세로셈으로 바꾸지 않고 푸는 방법

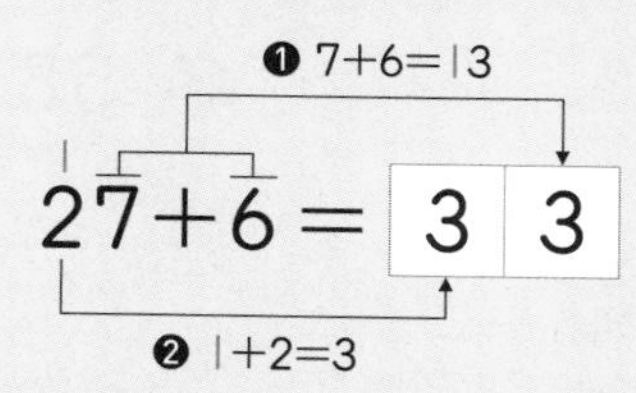

가로셈에서도 받아올림한 수를 표시하면 실수하지 않고 풀 수 있어요.

받아올림하는 수를 십의 자리 위에 작게 1로 쓰고 계산하면 더 쉬워요~

② 22+8= ☐☐

③ 13+9= ☐☐

④ 38+6= ☐☐

⑤ 26+7= ☐☐

⑥ 49+2= ☐☐

⑦ 35+7= ☐☐

⑧ 49+6= ☐☐

⑨ 57+4= ☐☐

⑩ 67+3= ☐☐

⑪ 74+9= ☐☐

집중 시간 3분

덧셈을 하세요.

① $19+5=$

가로셈이 어려우면 세로셈으로 바꿔 풀어도 좋아요.

② $37+8=$

③ $54+8=$

④ $28+8=$

⑤ $46+7=$

⑥ $58+3=$

⑦ $43+9=$

⑧ $76+5=$

⑨ $65+7=$

⑩ $89+6=$

⑪ $44+8=$

⑫ $68+6=$

⑬ $86+7=$

⑭ $76+8=$

응! 걱정하지마.
너의 10은 나의 1.
나의 1은 너의 10.
내 마음은
10이라는 것
알고 있지?
1
십의 자리
일의 자리

12 받아올림한 수는 꼭 십의 자리 숫자와 더해!

덧셈을 하세요.

① $\begin{array}{r} 17 \\ +\ \ 3 \\ \hline \end{array}$

② $\begin{array}{r} 23 \\ +\ \ 9 \\ \hline \end{array}$

③ $\begin{array}{r} 45 \\ +\ \ 8 \\ \hline \end{array}$

④ $\begin{array}{r} 37 \\ +\ \ 4 \\ \hline \end{array}$

⑤ $\begin{array}{r} 55 \\ +\ \ 9 \\ \hline \end{array}$

⑥ $\begin{array}{r} 68 \\ +\ \ 7 \\ \hline \end{array}$

⑦ $\begin{array}{r} 54 \\ +\ \ 9 \\ \hline \end{array}$

⑧ $\begin{array}{r} 87 \\ +\ \ 5 \\ \hline \end{array}$

⑨ $\begin{array}{r} 48 \\ +\ \ 3 \\ \hline \end{array}$

⑩ $\begin{array}{r} 77 \\ +\ \ 5 \\ \hline \end{array}$

⑪ $\begin{array}{r} 57 \\ +\ \ 6 \\ \hline \end{array}$

⑫ $\begin{array}{r} 87 \\ +\ \ 8 \\ \hline \end{array}$

⑬ $\begin{array}{r} 66 \\ +\ \ 8 \\ \hline \end{array}$

⑭ $\begin{array}{r} 29 \\ +\ \ 9 \\ \hline \end{array}$

일의 자리에서 받아올림한
10은 십의 자리에 1로 적은 후
십의 자리 수와 함께 계산해.

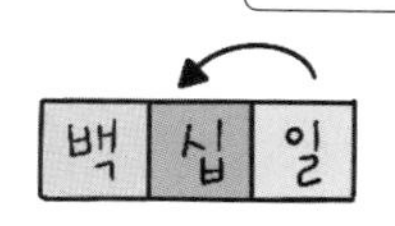

빈칸에 알맞은 수를 써넣으세요.

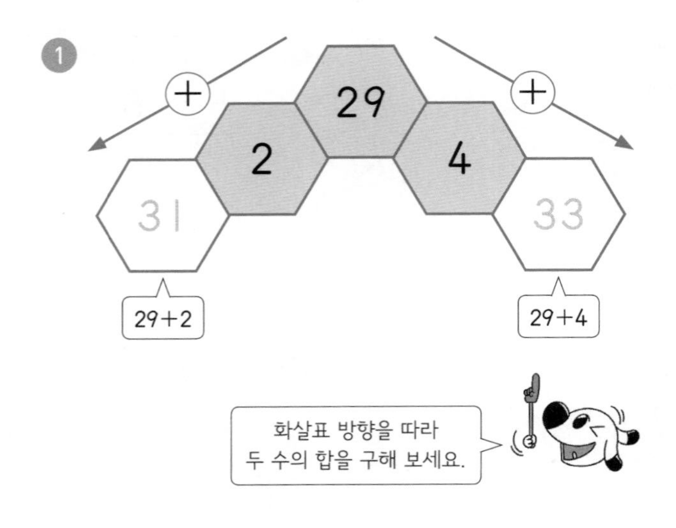

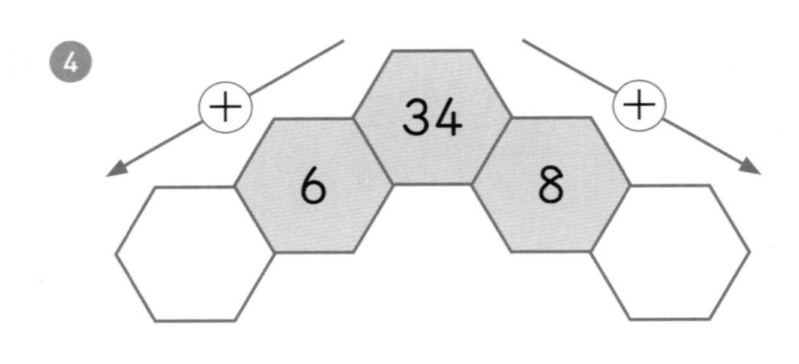

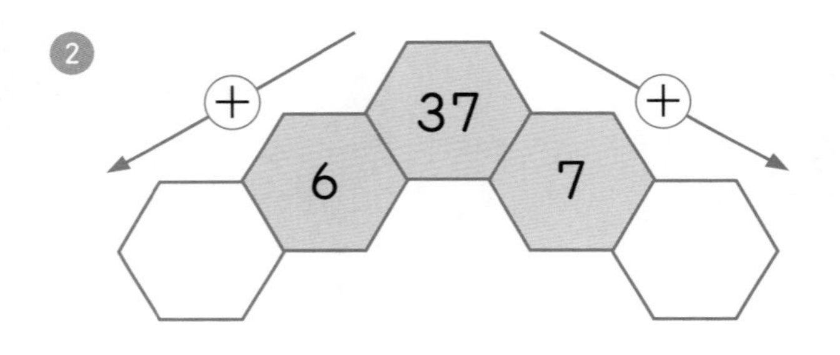

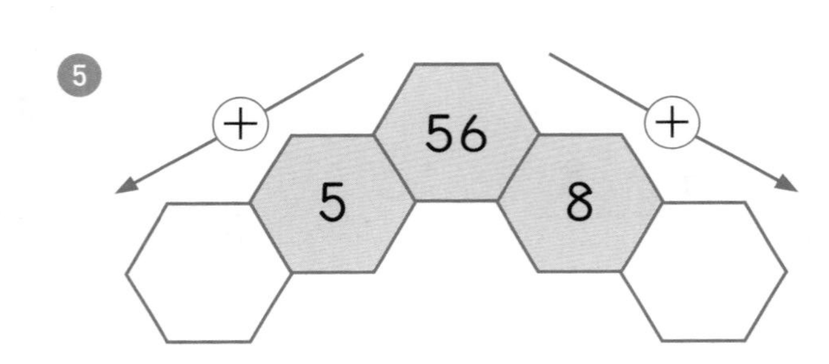

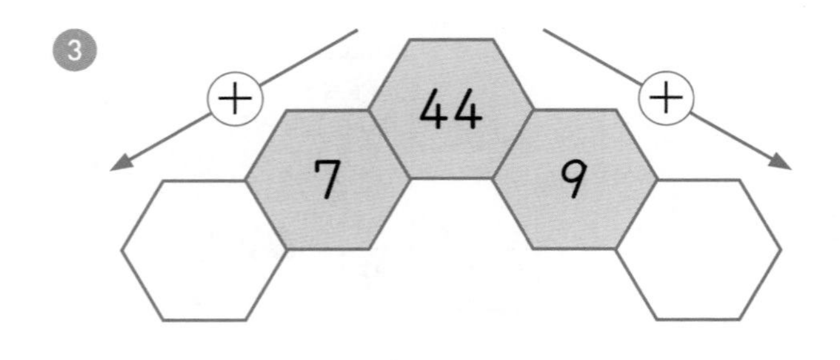

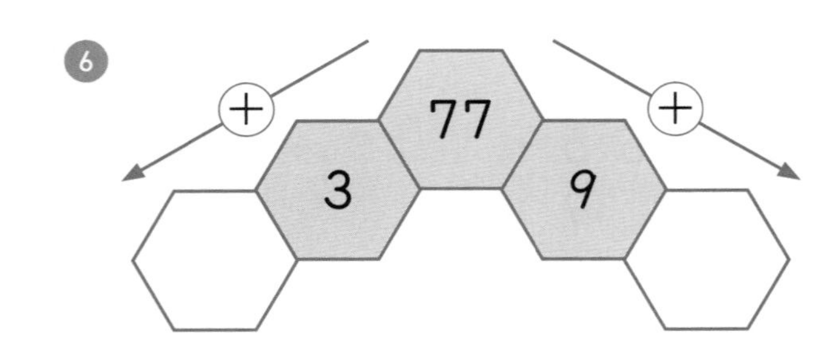

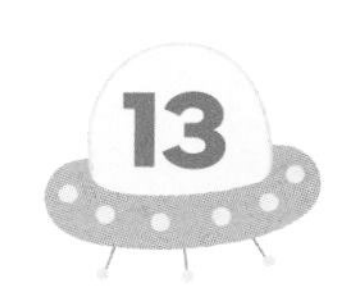

13 받아올림한 수는 잊지 말고 윗자리로!

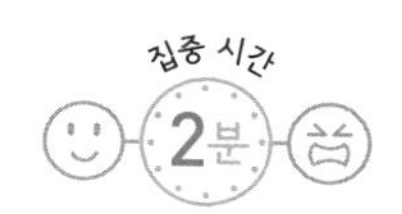

덧셈을 하세요.

일의 자리 수끼리의 합이 10이거나
10이 넘으면 십의 자리로 받아올림해요.

예시 (십, 일):

	십	일
	1	
	1	8
+	2	2
	4	0

❶ 8+2=10
❷ 1+1+2=4

① 18 + 22 = 40

② 23 + 17

③ 49 + 21

④ 35 + 25

⑤ 57 + 33

⑥ 27 + 15

⑦ 14 + 38

⑧ 38 + 25

⑨ 42 + 19

⑩ 44 + 28

⑪ 55 + 26

⑫ 38 + 39

⑬ 33 + 18

⑭ 36 + 46

⑮ 67 + 29

덧셈을 하세요.

	십	일
	1	
①	2	4
+	1	6

	십	일
②	1	5
+	3	7

	십	일
③	3	2
+	2	9

	십	일
④	2	3
+	4	8

	십	일
⑤	3	7
+	3	6

	십	일
⑥	3	7
+	4	4

	십	일
⑦	2	6
+	6	6

	십	일
⑧	5	2
+	1	9

	십	일
⑨	4	9
+	3	4

	십	일
⑩	6	8
+	2	7

	십	일
⑪	4	6
+	4	9

	십	일
⑫	3	8
+	2	4

	십	일
⑬	3	3
+	5	7

	십	일
⑭	5	7
+	2	8

한 자리 수의 덧셈을 하지 못하면
두 자리 수의 덧셈도 힘들어요.
빨리 답이 나오지 않으면
여러 번 소리내어 읽어 보세요.
'8+7=15'

받아올림한 10은 십의 자리에 1로 쓰기!

덧셈을 하세요.

① 12 + 59

② 36 + 17

③ 23 + 38

④ 27 + 56

⑤ 46 + 29

⑥ 29 + 24

⑦ 35 + 36

⑧ 57 + 28

⑨ 48 + 35

⑩ 69 + 18

⑪ 47 + 16

⑫ 24 + 27

⑬ 38 + 37

⑭ 56 + 37

⑮ 65 + 28

비밀을 하나 알려줄까요?
41쪽의 정답은 모두 홀수예요~

세로셈으로 나타내고, 덧셈을 하세요.

❶ 17+23

1

	1	7
+	2	3

여기까지 왔다니
훌륭해요! 이번에는
세로셈으로 바꾸어
풀어 볼까요?

❷ 16+37

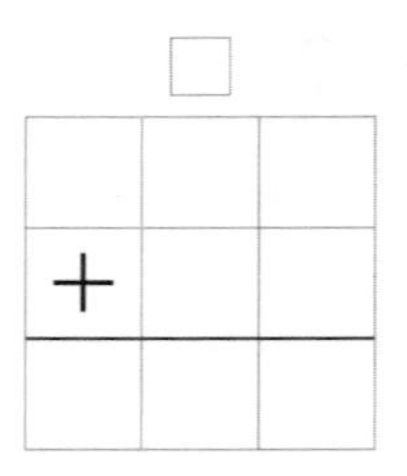

❸ 29+34

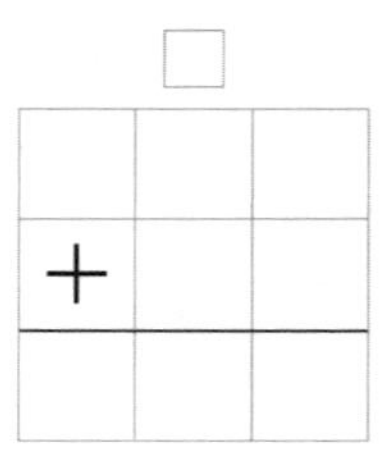

❹ 38+26

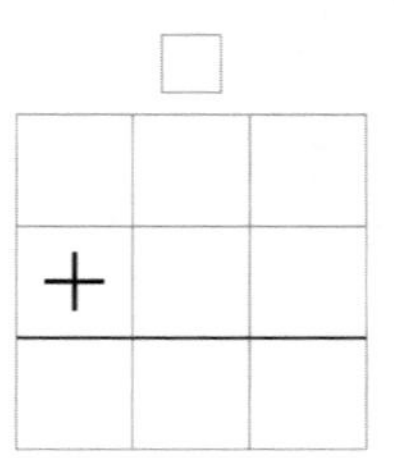

❺ 36+48

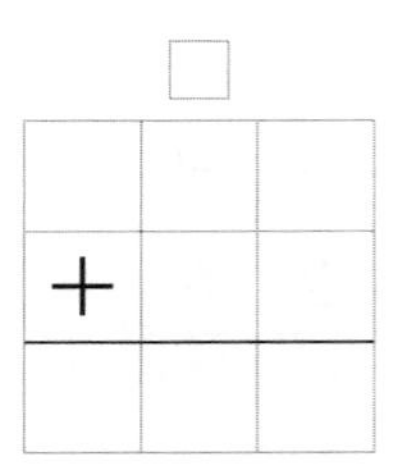

❻ 41+29

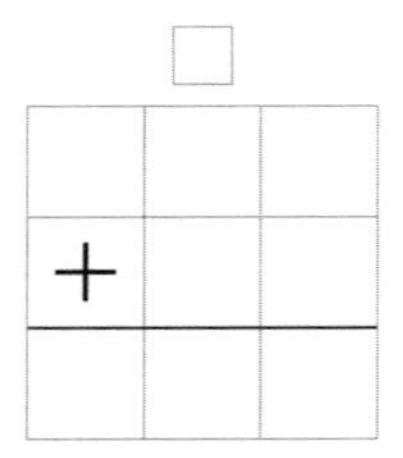

❼ 28+53

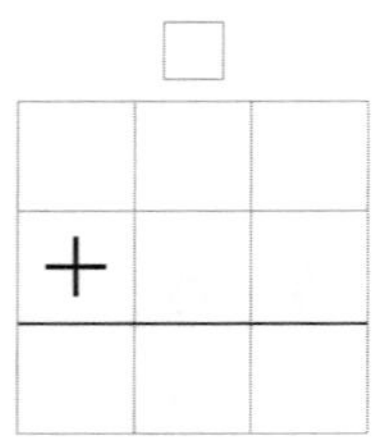

❽ 54+28

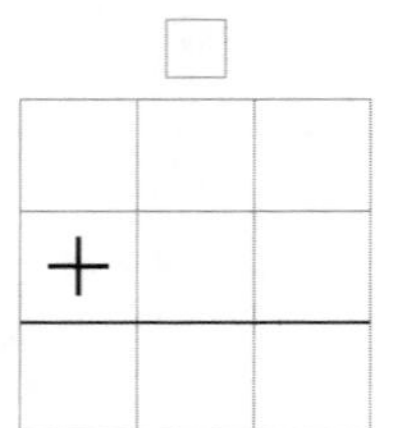

❾ 25+47

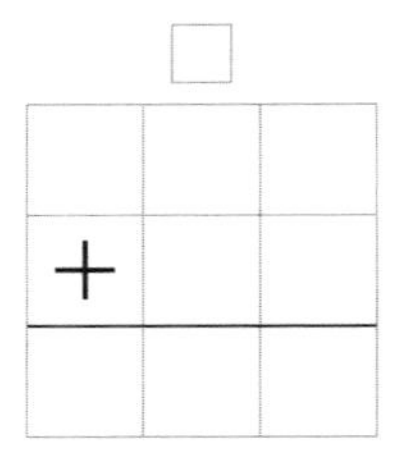

❿ 54+39

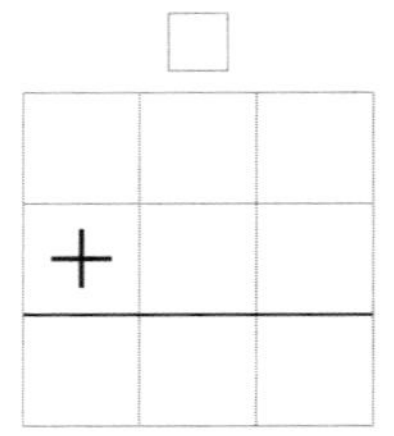

⓫ 77+14

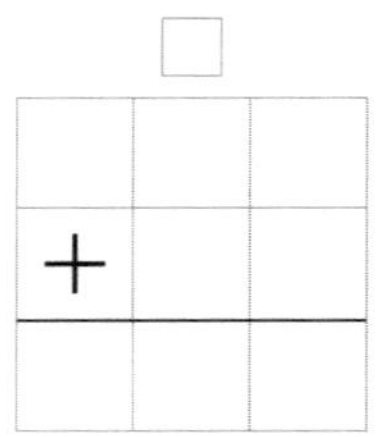

⓬ 69+28

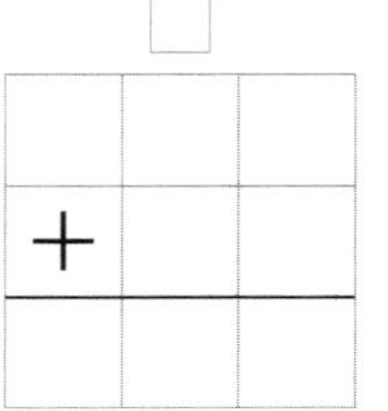

15 받아올림한 수를 작게 쓰고 더하는 가로셈 비법

덧셈을 하세요.

* (두 자리 수)+(두 자리 수)의 가로셈 푸는 방법

❶ 5+7=12

35+27= 6 2

❷ 1+3+2=6

받아올림한 1에 십의 자리 수인 3과 2를 더해요.
더하는 순서를 통일해야 실수하지 않아요!

① 13+37= 5 0

② 24+36=

③ 19+28=

④ 25+48=

⑤ 36+29=

⑥ 44+37=

⑦ 28+54=

⑧ 37+49=

⑨ 46+45=

⑩ 56+28=

⑪ 67+26=

답이 헷갈리는 문제는?
세로셈으로 바꾸어
확인해 보면 정말 최고!

집중 시간 3분

덧셈을 하세요.

❶ $18+39=$

❷ $27+24=$

❸ $26+48=$

❹ $39+25=$

❺ $41+29=$

❻ $33+48=$

❼ $56+36=$

❽ $64+17=$

❾ $48+34=$

❿ $67+18=$

⓫ $26+67=$

⓬ $48+27=$

⓭ $64+28=$

⓮ $78+16=$

받아올림한 수를 잊지 말고 더해!

덧셈을 하세요.

① $\begin{array}{r} 16 \\ +45 \\ \hline \end{array}$

② $\begin{array}{r} 34 \\ +29 \\ \hline \end{array}$

③ $\begin{array}{r} 48 \\ +39 \\ \hline \end{array}$

④ $\begin{array}{r} 28 \\ +47 \\ \hline \end{array}$

⑤ $\begin{array}{r} 54 \\ +38 \\ \hline \end{array}$

⑥ $\begin{array}{r} 29 \\ +53 \\ \hline \end{array}$

⑦ $\begin{array}{r} 58 \\ +25 \\ \hline \end{array}$

⑧ $\begin{array}{r} 64 \\ +17 \\ \hline \end{array}$

⑨ $\begin{array}{r} 37 \\ +36 \\ \hline \end{array}$

⑩ $\begin{array}{r} 72 \\ +19 \\ \hline \end{array}$

⑪ $\begin{array}{r} 48 \\ +43 \\ \hline \end{array}$

⑫ $\begin{array}{r} 36 \\ +58 \\ \hline \end{array}$

⑬ $\begin{array}{r} 19 \\ +59 \\ \hline \end{array}$

수학 나라 기차의 좌석 번호는 덧셈으로 표시되어 있어요. 동물 친구들의 자리는 어디일까요? 덧셈을 한 다음 선으로 이어 보세요.

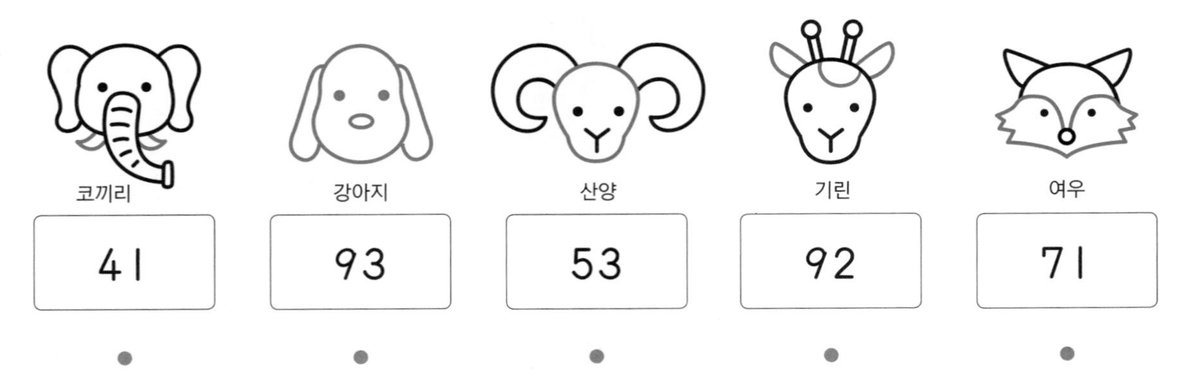

41	93	53	92	71

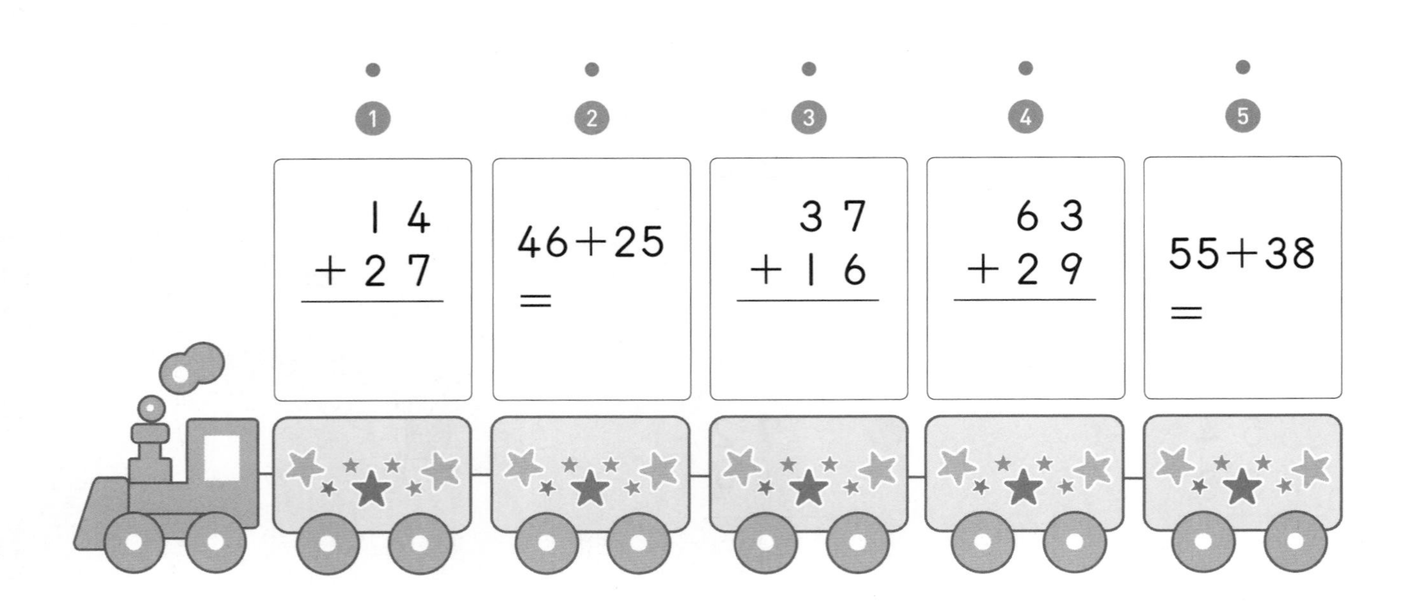

① $\begin{array}{r} 14 \\ +\ 27 \\ \hline \end{array}$

② $46+25=$

③ $\begin{array}{r} 37 \\ +\ 16 \\ \hline \end{array}$

④ $\begin{array}{r} 63 \\ +\ 29 \\ \hline \end{array}$

⑤ $55+38=$

17 십의 자리에서 받아올림한 수는 백의 자리로!

덧셈을 하세요.

십의 자리 수끼리 더해서 10이거나 10보다 크면 백의 자리로 1을 받아올림해서 계산해요.

	백	십	일
	1		
❶		1	2
	+	9	4
	1	0	6

❶ 2+4=6
❷ 1+9=10

❷
$$\begin{array}{r} 21 \\ +\ 86 \\ \hline \end{array}$$

❸
$$\begin{array}{r} 37 \\ +\ 72 \\ \hline \end{array}$$

❹
$$\begin{array}{r} 52 \\ +\ 53 \\ \hline \end{array}$$

❺
$$\begin{array}{r} 45 \\ +\ 64 \\ \hline \end{array}$$

❻
$$\begin{array}{r} 26 \\ +\ 92 \\ \hline \end{array}$$

❼
$$\begin{array}{r} 32 \\ +\ 85 \\ \hline \end{array}$$

❽
$$\begin{array}{r} 53 \\ +\ 66 \\ \hline \end{array}$$

❾
$$\begin{array}{r} 65 \\ +\ 71 \\ \hline \end{array}$$

❿
$$\begin{array}{r} 42 \\ +\ 86 \\ \hline \end{array}$$

⓫
$$\begin{array}{r} 51 \\ +\ 74 \\ \hline \end{array}$$

⓬
$$\begin{array}{r} 60 \\ +\ 85 \\ \hline \end{array}$$

⓭
$$\begin{array}{r} 75 \\ +\ 62 \\ \hline \end{array}$$

⓮
$$\begin{array}{r} 56 \\ +\ 93 \\ \hline \end{array}$$

⓯
$$\begin{array}{r} 84 \\ +\ 75 \\ \hline \end{array}$$

덧셈을 하세요.

(백 십 일)

① $26 + 82 =$

십의 자리에서 받아올림한 수는 바로 백의 자리로 내려 쓰면 편해요.

② $31 + 74 =$

③ $55 + 61 =$

④ $23 + 96 =$

⑤ $43 + 84 =$

⑥ $34 + 85 =$

⑦ $42 + 95 =$

⑧ $62 + 93 =$

⑨ $55 + 73 =$

⑩ $73 + 66 =$

⑪ $44 + 93 =$

⑫ $63 + 86 =$

⑬ $84 + 61 =$

⑭ $72 + 84 =$

⑮ $95 + 73 =$

백의 자리까지 나오는 덧셈 연습

덧셈을 하세요.

답의 수가 커져도 걱정 말아요. 받아올림한 수를 잊지 않고 윗자리로 올려 쓰면 돼요.

(백, 십, 일)

① $31 + 72$

② $42 + 84$

③ $27 + 92$

④ $55 + 61$

⑤ $62 + 74$

⑥ $46 + 71$

⑦ $65 + 63$

⑧ $54 + 85$

⑨ $31 + 97$

⑩ $73 + 46$

⑪ $53 + 74$

⑫ $62 + 86$

⑬ $81 + 73$

⑭ $74 + 92$

⑮ $94 + 81$

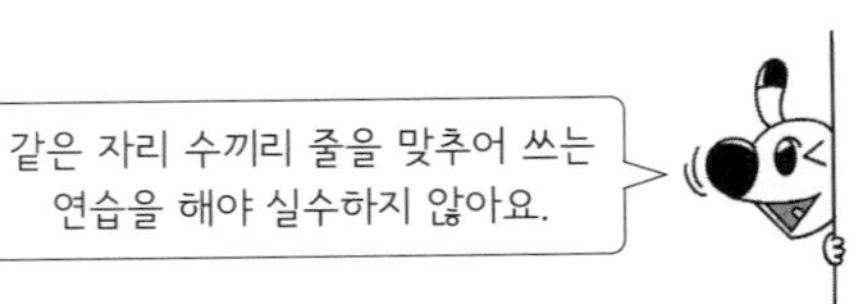

같은 자리 수끼리 줄을 맞추어 쓰는
연습을 해야 실수하지 않아요.

세로셈으로 나타내고, 덧셈을 하세요.

❶ 27+81

	2	7
+	8	1

❺ 35+81

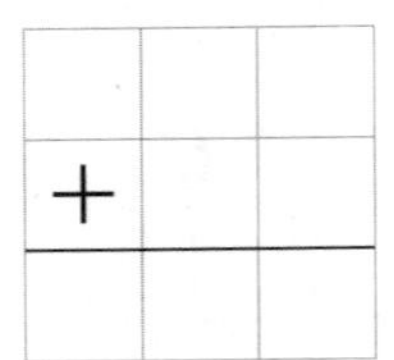

❾ 57+72

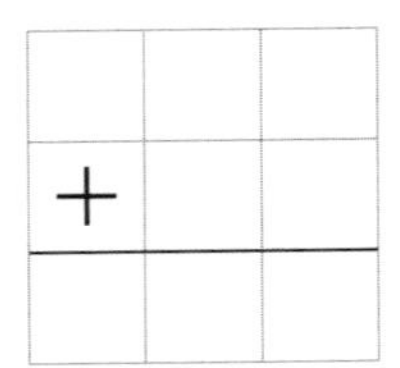

❷ 34+95

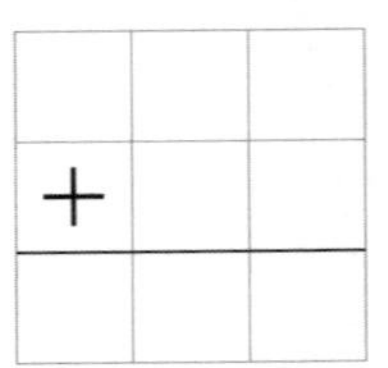

❻ 44+83

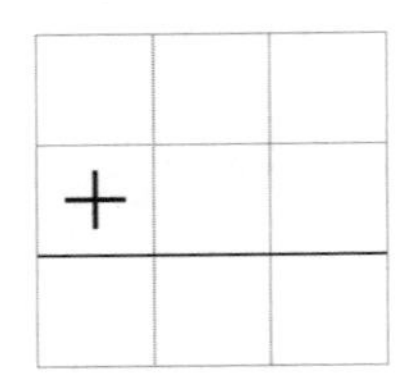

❿ 73+85

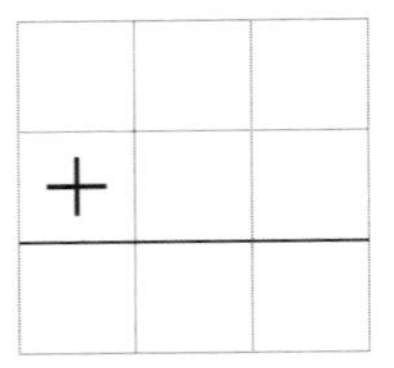

❸ 53+62

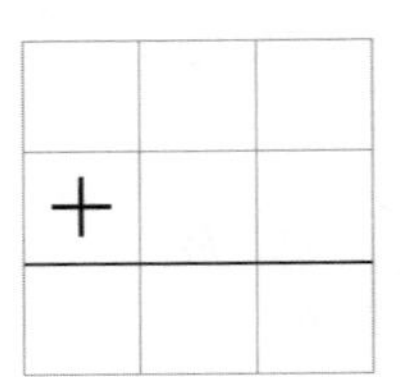

❼ 66+72

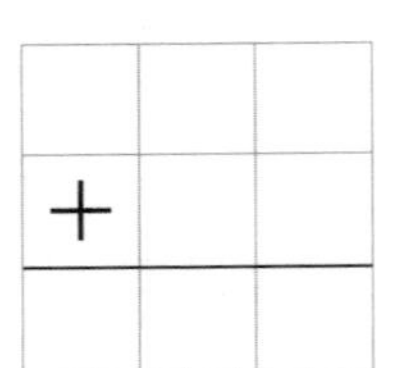

⓫ 81+86

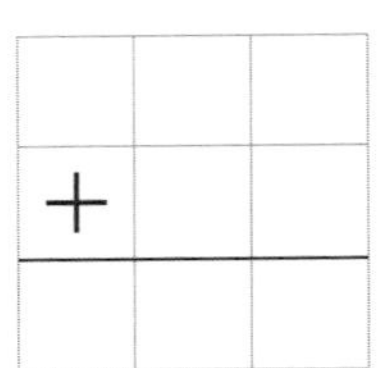

❹ 46+73

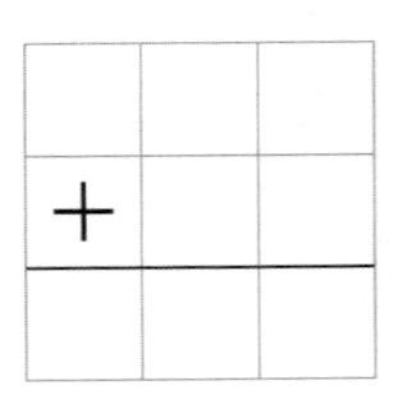

❽ 72+54

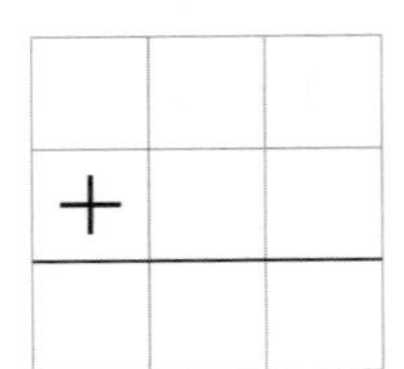

⓬ 92+45

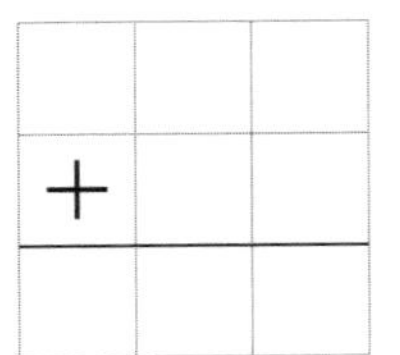

19 백의 자리까지 나오는 덧셈의 가로셈 비법

덧셈을 하세요.

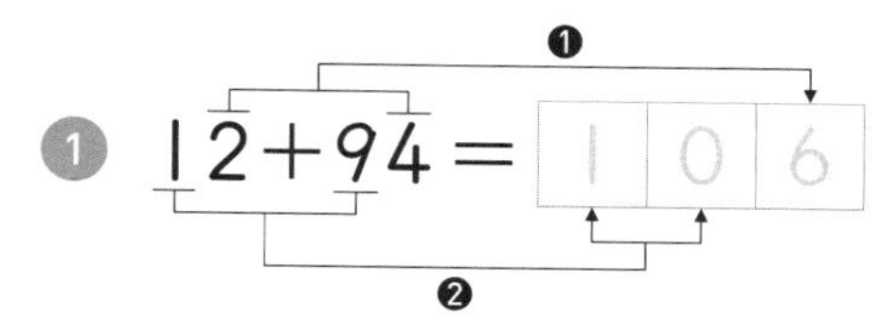

* 십의 자리에서 받아올림이 있는 덧셈의 가로셈 푸는 방법

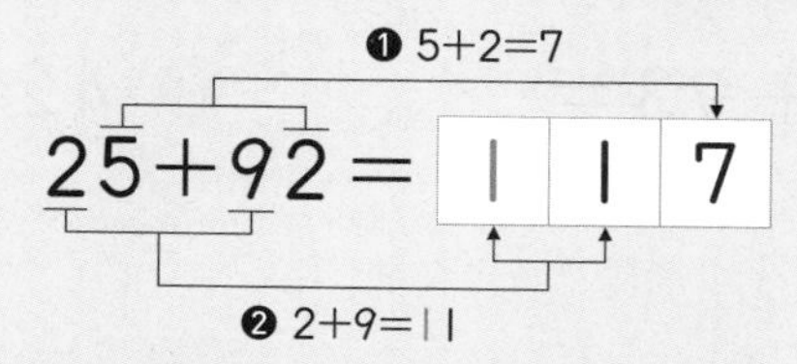

십의 자리에서 받아올림한 수를 바로
백의 자리에 쓰면 가로셈도 어렵지 않아요.

① $12+94=$ ☐☐☐

② $21+83=$ ☐☐☐

③ $24+93=$ ☐☐☐

④ $34+81=$ ☐☐☐

⑤ $37+92=$ ☐☐☐

⑥ $43+85=$ ☐☐☐

⑦ $46+72=$ ☐☐☐

⑧ $53+96=$ ☐☐☐

⑨ $62+74=$ ☐☐☐

⑩ $63+94=$ ☐☐☐

⑪ $72+71=$ ☐☐☐

덧셈을 하세요.

십의 자리에서 받아올림한 10은 백의 자리에 1로 적어요.

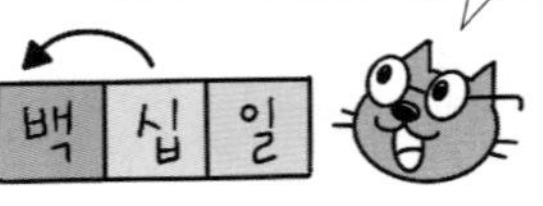

1. $24+93=$
2. $36+82=$
3. $58+51=$
4. $42+73=$
5. $62+76=$
6. $42+85=$
7. $53+62=$
8. $73+45=$
9. $81+55=$
10. $95+42=$

앗! 실수

11. $66+82=$
12. $82+94=$
13. $76+83=$
14. $93+75=$

20 백의 자리로 받아올림이 있는 덧셈

덧셈을 하세요.

① $\begin{array}{r} 34 \\ +\ 72 \\ \hline \end{array}$

② $\begin{array}{r} 41 \\ +\ 87 \\ \hline \end{array}$

③ $\begin{array}{r} 25 \\ +\ 91 \\ \hline \end{array}$

④ $\begin{array}{r} 53 \\ +\ 64 \\ \hline \end{array}$

⑤ $\begin{array}{r} 76 \\ +\ 62 \\ \hline \end{array}$

⑥ $\begin{array}{r} 41 \\ +\ 75 \\ \hline \end{array}$

⑦ $\begin{array}{r} 72 \\ +\ 84 \\ \hline \end{array}$

⑧ $\begin{array}{r} 54 \\ +\ 75 \\ \hline \end{array}$

⑨ $\begin{array}{r} 62 \\ +\ 67 \\ \hline \end{array}$

⑩ $\begin{array}{r} 83 \\ +\ 44 \\ \hline \end{array}$

앗! 실수

⑪ $\begin{array}{r} 57 \\ +\ 82 \\ \hline \end{array}$

⑫ $\begin{array}{r} 73 \\ +\ 94 \\ \hline \end{array}$

⑬ $\begin{array}{r} 63 \\ +\ 86 \\ \hline \end{array}$

내 마음은 10이라는 거 알지?
응. 너에게 10은 나에게 1이라 그래.
1
십의 자리
백의 자리

집중 시간 2분

빈칸에 알맞은 수를 써넣으세요.

1

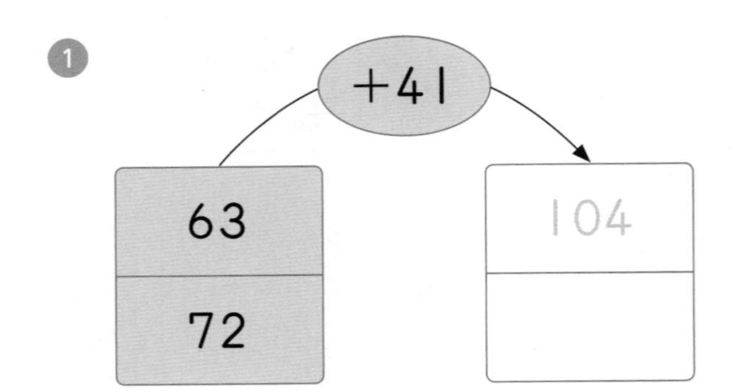

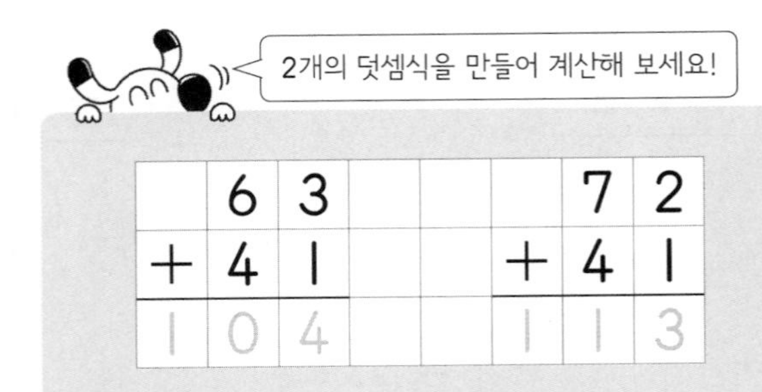

2

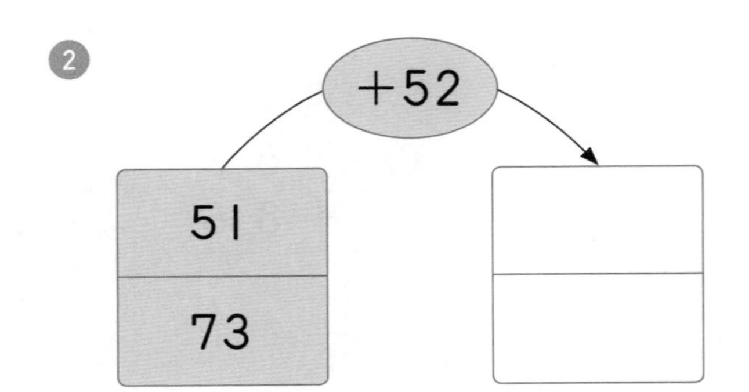

4

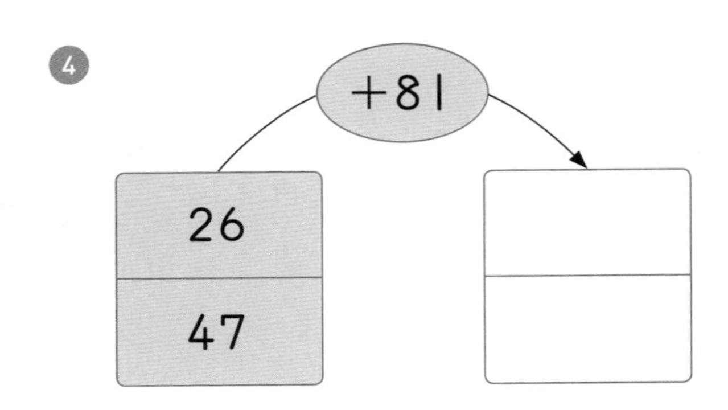

3

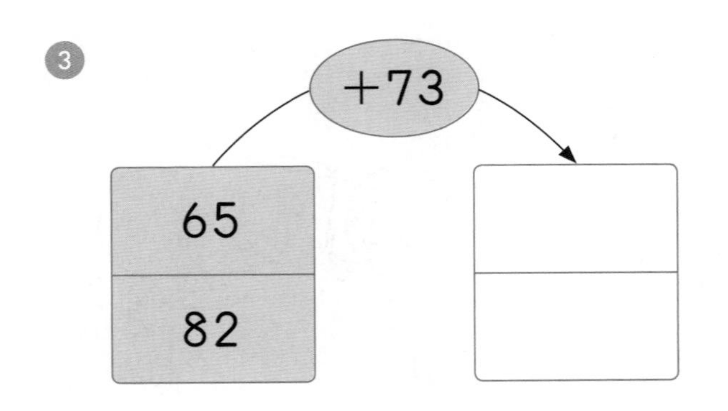

5

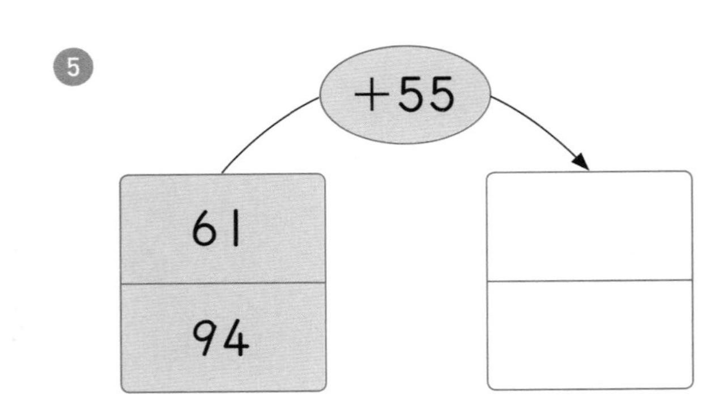

21 받아올림이 두 번 있는 덧셈

덧셈을 하세요.

받아올림이 두 번 있으니 복잡할 것 같죠?
하지만 시간이 걸릴 뿐 어렵지 않아요~

①

	백	십	일
	1	1	
		1	4
+		9	6
	1	1	0

❶ 4+6=10
❷ 1+1+9=11

② 23 + 87 =

③ 37 + 66 =

④ 53 + 59 =

⑤ 47 + 68 =

⑥ 31 + 89 =

⑦ 25 + 98 =

⑧ 49 + 76 =

⑨ 72 + 59 =

⑩ 65 + 77 =

⑪ 46 + 87 =

⑫ 57 + 65 =

⑬ 68 + 82 =

⑭ 76 + 48 =

⑮ 84 + 59 =

※ 덧셈을 하세요.

(백 / 십 / 일)

① $\begin{array}{r} \scriptstyle 1 \\ 29 \\ +\ 81 \\ \hline 110 \end{array}$

십의 자리에서 받아올림한 수는 바로 백의 자리로 내려 쓰면 편해요.

② $\begin{array}{r} 63 \\ +\ 48 \\ \hline \end{array}$

③ $\begin{array}{r} 35 \\ +\ 95 \\ \hline \end{array}$

④ $\begin{array}{r} 47 \\ +\ 74 \\ \hline \end{array}$

⑤ $\begin{array}{r} 84 \\ +\ 68 \\ \hline \end{array}$

⑥ $\begin{array}{r} 36 \\ +\ 85 \\ \hline \end{array}$

⑦ $\begin{array}{r} 48 \\ +\ 86 \\ \hline \end{array}$

⑧ $\begin{array}{r} 72 \\ +\ 59 \\ \hline \end{array}$

⑨ $\begin{array}{r} 67 \\ +\ 68 \\ \hline \end{array}$

⑩ $\begin{array}{r} 55 \\ +\ 89 \\ \hline \end{array}$

⑪ $\begin{array}{r} 59 \\ +\ 64 \\ \hline \end{array}$

⑫ $\begin{array}{r} 65 \\ +\ 76 \\ \hline \end{array}$

⑬ $\begin{array}{r} 87 \\ +\ 49 \\ \hline \end{array}$

⑭ $\begin{array}{r} 76 \\ +\ 97 \\ \hline \end{array}$

⑮ $\begin{array}{r} 93 \\ +\ 49 \\ \hline \end{array}$

받아올림이 두 번 있는 덧셈 한 번 더!

덧셈을 하세요.

십의 자리로 한 번, 백의 자리로 또 한 번!
2번 받아올림해야 해요~

(백) (십) (일)

1. $36 + 75$ (받아올림: 1)
2. $28 + 94$
3. $44 + 79$
4. $35 + 86$
5. $57 + 75$
6. $49 + 86$
7. $56 + 89$
8. $68 + 93$
9. $84 + 39$
10. $76 + 68$
11. $58 + 94$
12. $67 + 74$
13. $75 + 88$
14. $85 + 69$
15. $95 + 87$

세로셈으로 나타내고, 덧셈을 하세요.

❶ 27+84

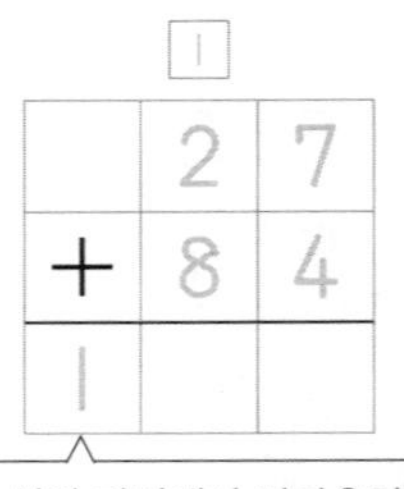

십의 자리에서 받아올림한 수는 바로 백의 자리에 내려 쓰면 편해요.

❷ 26+95

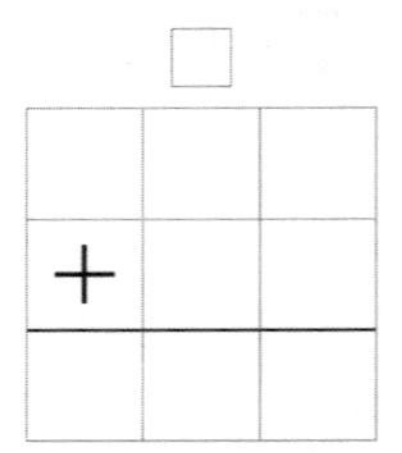

❸ 34+87

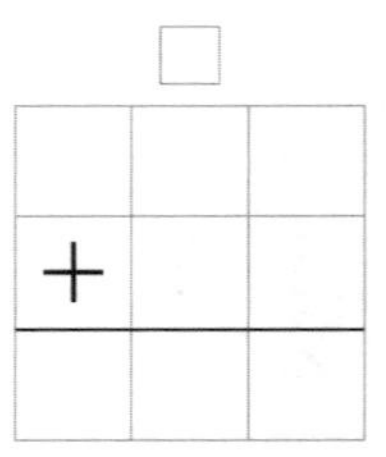

❹ 48+93

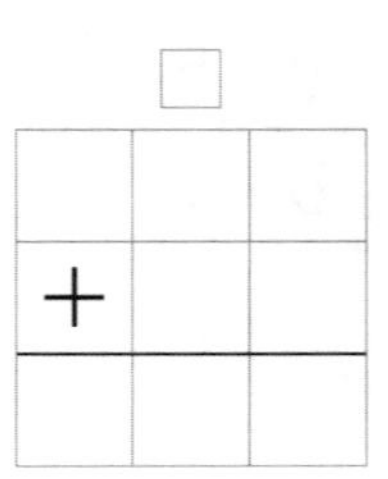

❺ 36+79

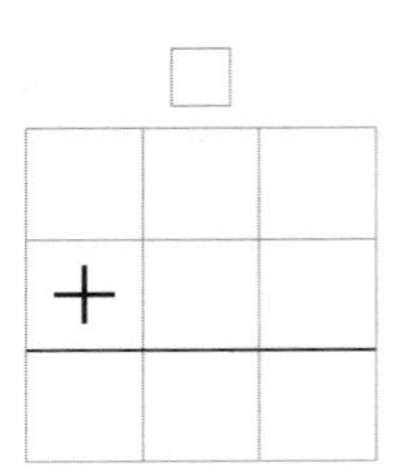

❻ 53+68

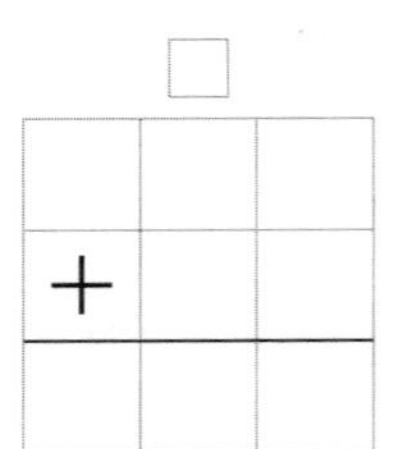

❼ 66+47

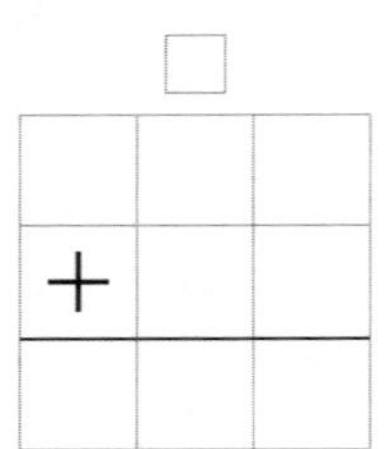

❽ 78+59

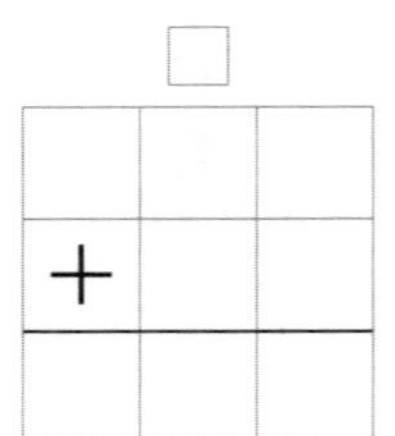

❾ 43+89

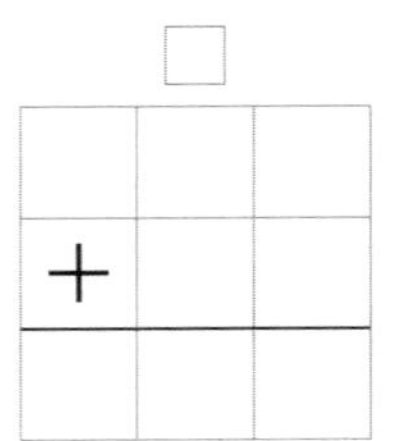

❿ 92+19

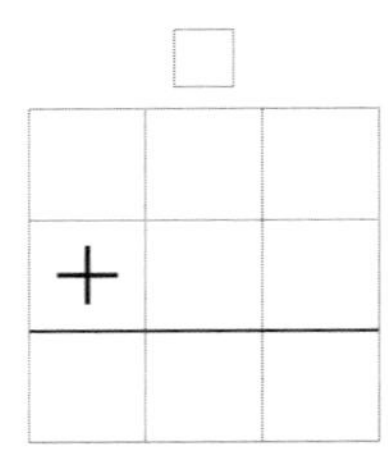

⓫ 66+74

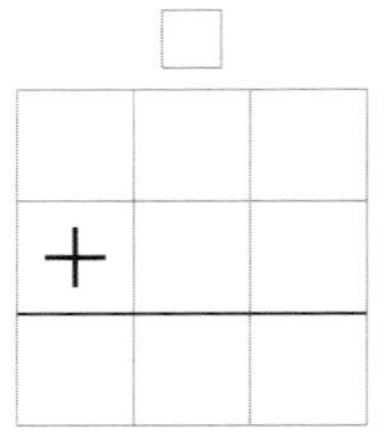

⓬ 89+64

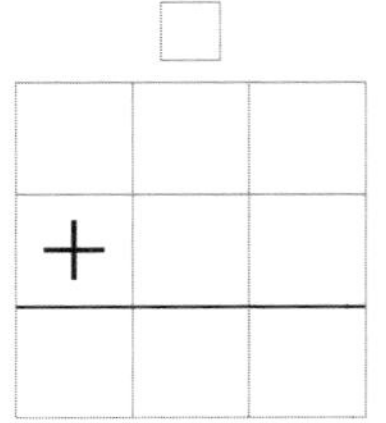

23 계산이 빨라지는 가로셈 비법

집중 시간 3분

※ 덧셈을 하세요.

＊ 받아올림이 두 번 있는 덧셈의 가로셈 푸는 방법

❶ 7+6=13

37+86= | 1 | 2 | 3 |

❷ 1+3+8=12

받아올림한 수를 작게 써 계산하면 실수를 줄일 수 있어요.

① 18+94= | 1 | 1 | 2 |

여기에 받아올림한 수를 작게 쓰고 십의 자리 수와 더해 주면 더 쉬워요~

② 26+85= □□□

③ 29+96= □□□

④ 38+63= □□□

⑤ 35+97= □□□

⑥ 48+73= □□□

⑦ 49+87= □□□

⑧ 54+69= □□□

⑨ 58+95= □□□

⑩ 63+89= □□□

⑪ 77+69= □□□

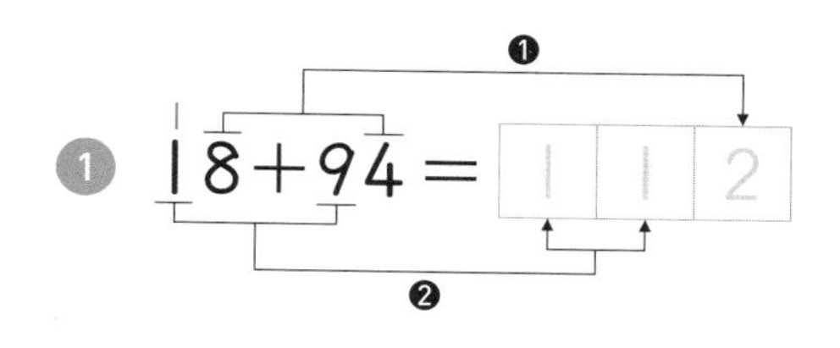

덧셈을 하세요.

① $38+74=$

② $25+96=$

③ $48+78=$

④ $57+85=$

⑤ $64+49=$

⑥ $49+53=$

⑦ $77+67=$

⑧ $69+59=$

⑨ $86+47=$

⑩ $78+86=$

앗! 실수

⑪ $54+88=$

⑫ $67+98=$

⑬ $97+86=$

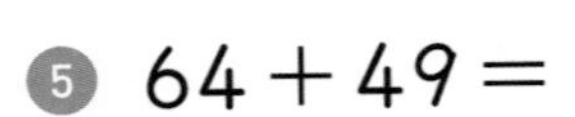

24 실수 없게! 두 자리 수의 덧셈 집중 연습

덧셈을 하세요.

급하게 안 풀어도 돼요. 속도보다는
정확하게 푸는 게 먼저예요!

① $\begin{array}{r} 35 \\ +\ 68 \\ \hline \end{array}$

② $\begin{array}{r} 47 \\ +\ 79 \\ \hline \end{array}$

③ $\begin{array}{r} 51 \\ +\ 69 \\ \hline \end{array}$

④ $\begin{array}{r} 63 \\ +\ 78 \\ \hline \end{array}$

⑤ $\begin{array}{r} 76 \\ +\ 57 \\ \hline \end{array}$

⑥ $\begin{array}{r} 78 \\ +\ 57 \\ \hline \end{array}$

⑦ $\begin{array}{r} 69 \\ +\ 74 \\ \hline \end{array}$

⑧ $\begin{array}{r} 86 \\ +\ 68 \\ \hline \end{array}$

⑨ $\begin{array}{r} 94 \\ +\ 58 \\ \hline \end{array}$

⑩ $37+75=$

⑪ $49+82=$

⑫ $59+87=$

⑬ $98+96=$

⑭ $96+64=$

덧셈을 하세요.

어려운 문제는 꼭 ☆ 표시를 하고
한 번 더 풀어야 해요.

① $\begin{array}{r} 25 \\ +\ 87 \\ \hline \end{array}$

② $\begin{array}{r} 36 \\ +\ 95 \\ \hline \end{array}$

③ $\begin{array}{r} 47 \\ +\ 68 \\ \hline \end{array}$

④ $\begin{array}{r} 76 \\ +\ 48 \\ \hline \end{array}$

⑤ $\begin{array}{r} 69 \\ +\ 87 \\ \hline \end{array}$

⑥ $\begin{array}{r} 67 \\ +\ 74 \\ \hline \end{array}$

⑦ $\begin{array}{r} 78 \\ +\ 48 \\ \hline \end{array}$

⑧ $\begin{array}{r} 59 \\ +\ 85 \\ \hline \end{array}$

⑨ $\begin{array}{r} 84 \\ +\ 99 \\ \hline \end{array}$

⑩ $25+97=$

⑪ $43+78=$

⑫ $57+76=$

⑬ $68+75=$

⑭ $87+49=$

두 자리 수의 덧셈 한 번 더!

덧셈을 하세요.

① $$\begin{array}{r} 3\ 2 \\ +\ 8\ 8 \\ \hline \end{array}$$

② $$\begin{array}{r} 5\ 7 \\ +\ 6\ 4 \\ \hline \end{array}$$

③ $$\begin{array}{r} 4\ 5 \\ +\ 9\ 7 \\ \hline \end{array}$$

④ $$\begin{array}{r} 6\ 6 \\ +\ 7\ 5 \\ \hline \end{array}$$

⑤ $$\begin{array}{r} 7\ 4 \\ +\ 5\ 9 \\ \hline \end{array}$$

⑥ $$\begin{array}{r} 3\ 8 \\ +\ 9\ 7 \\ \hline \end{array}$$

⑦ $$\begin{array}{r} 4\ 8 \\ +\ 7\ 4 \\ \hline \end{array}$$

⑧ $$\begin{array}{r} 8\ 1 \\ +\ 6\ 9 \\ \hline \end{array}$$

⑨ $$\begin{array}{r} 8\ 9 \\ +\ 9\ 8 \\ \hline \end{array}$$

앗! 실수

⑩ $$\begin{array}{r} 3\ 6 \\ +\ 6\ 8 \\ \hline \end{array}$$

⑪ $$\begin{array}{r} 6\ 4 \\ +\ 8\ 8 \\ \hline \end{array}$$

⑫ $$\begin{array}{r} 8\ 6 \\ +\ 7\ 9 \\ \hline \end{array}$$

⑬ $$\begin{array}{r} 9\ 3 \\ +\ 3\ 9 \\ \hline \end{array}$$

일의 자리에서
받아올림한 수는
십의 자리로!

백 십 일

십의 자리에서
받아올림한 수는
백의 자리로!

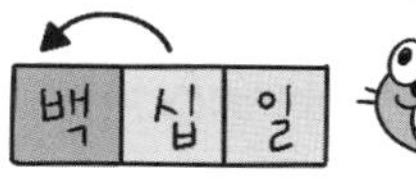

고양이들이 실뭉치를 가지고 놀다가 놓쳤습니다. 각 고양이의 실뭉치는 무엇일까요? 덧셈 식의 계산 결과가 적힌 실뭉치를 찾아 선으로 이어 보세요.

❶ 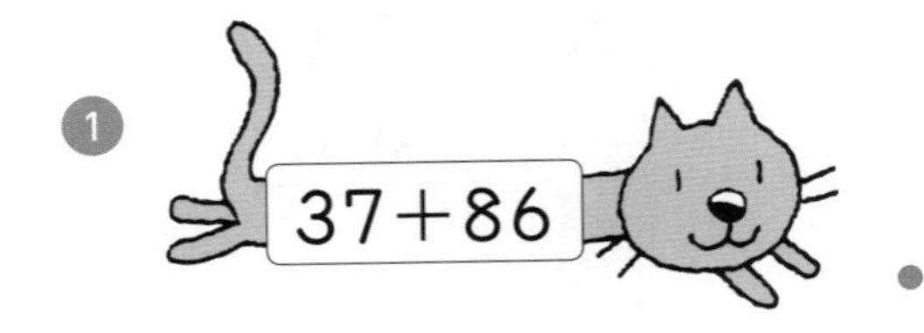

❷ 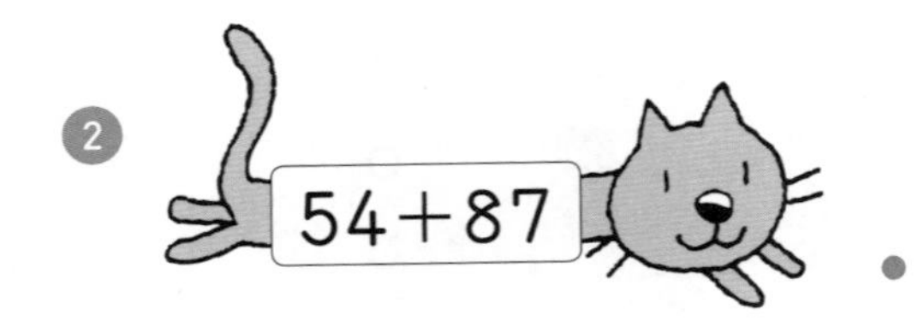

❸ 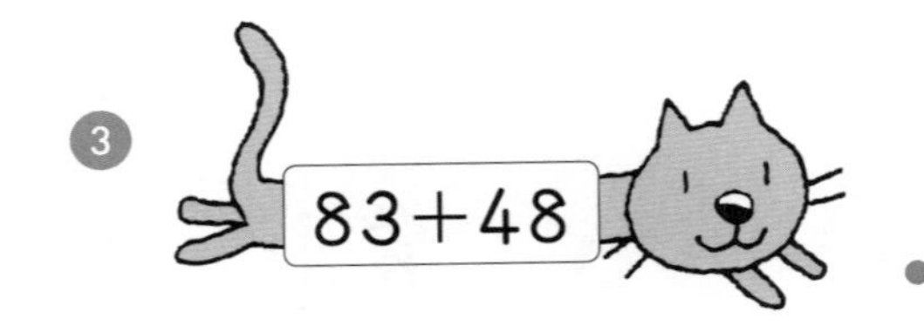

❹ 26+99

❺ 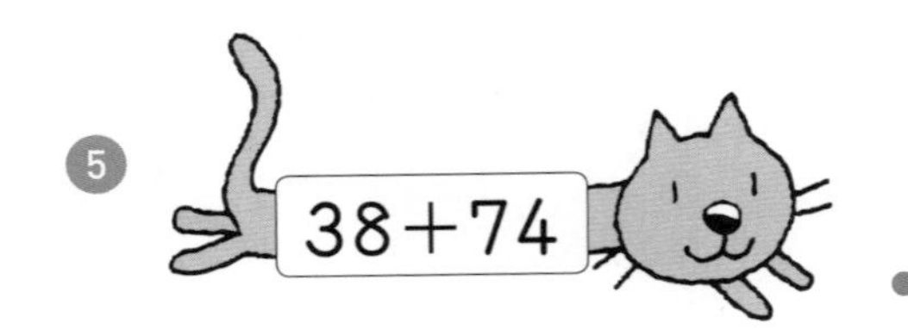

❻ 

26 몇십끼리, 몇끼리 더하는 방법

※ □ 안에 알맞은 수를 써넣으세요.

이렇게 풀 수도 있네요? 방법을 외울 필요는 없어요. 따라 풀다 보면 익혀질 거예요.

* 몇십끼리, 몇끼리 더하는 방법

23

19

$23+19=20+10+3+9$

$=30+12=42$

❶ $17+34$

$=10+\boxed{7}+30+\boxed{4}$

$=40+\boxed{11}$

$=\boxed{}$

더하는 수를 각각 몇십과 몇으로 나누어 더하는 방법이에요.

❷ $28+47$

$=20+\boxed{}+40+\boxed{}$

$=60+\boxed{}$

$=\boxed{}$

❸ $39+25$

$=30+\boxed{}+20+\boxed{}$

$=50+\boxed{}$

$=\boxed{}$

❹ $46+28$

$=40+\boxed{}+20+\boxed{}$

$=60+\boxed{}$

$=\boxed{}$

❺ $42+38$

$=\boxed{}+2+\boxed{}+8$

$=70+\boxed{}$

$=\boxed{}$

❻ $56+35$

$=\boxed{}+6+\boxed{}+5$

$=80+\boxed{}$

$=\boxed{}$

❼ $64+29$

$=\boxed{}+4+\boxed{}+9$

$=80+\boxed{}$

$=\boxed{}$

□ 안에 알맞은 수를 써넣으세요.

① $16+48$

$=10+\square+40+\square$

$=50+\square$

$=\square$

② $32+39$

$=30+\square+30+\square$

$=60+\square$

$=\square$

③ $38+24$

$=30+\square+20+\square$

$=50+\square$

$=\square$

④ $47+36$

$=40+\square+30+\square$

$=70+\square$

$=\square$

⑤ $24+57$

$=\square+4+\square+7$

$=\square+11$

$=\square$

⑥ $38+48$

$=\square+8+\square+8$

$=\square+16$

$=\square$

⑦ $59+33$

$=\square+9+\square+3$

$=\square+12$

$=\square$

앗! 실수

실수하기 쉬운 계산이에요.
집중해서 풀어 보세요!

⑧ $69+28$

$=\square+9+\square+8$

$=\square+17$

$=\square$

27 몇십과 몇으로 나누어 더하는 방법

※ □ 안에 알맞은 수를 써넣으세요.

❶ $15+27$

$=15+20+\boxed{7}$

$=\boxed{35}+7$

$=\square$

* 더하는 수를 몇십과 몇으로 나누어 더하는 방법

14

$14+36=14+30+6$

$=44+6=50$

❷ $23+37$

$=23+30+\square$

$=\square+7$

$=\square$

❸ $32+29$

$=32+20+\square$

$=52+\square$

$=\square$

❹ $45+18$

$=45+10+\square$

$=55+\square$

$=\square$

❺ $44+48$

$=44+\square+8$

$=\square+8$

$=\square$

❻ $38+57$

$=38+\square+7$

$=88+\square$

$=\square$

❼ $58+39$

$=58+\square+9$

$=88+\square$

$=\square$

※ □ 안에 알맞은 수를 써넣으세요.

❶ $15+57$
$=15+50+\square$
$=65+\square$
$=\square$

57은 50과 몇으로 나눌 수 있나요?

❷ $23+49$
$=23+40+\square$
$=63+\square$
$=\square$

❸ $42+28$
$=42+20+\square$
$=\square+8$
$=\square$

❹ $35+56$
$=35+50+\square$
$=\square+6$
$=\square$

❺ $46+49$
$=46+40+\square$
$=86+\square$
$=\square$

❻ $54+27$
$=54+20+\square$
$=74+\square$
$=\square$

❼ $66+18$
$=66+\square+8$
$=\square+8$
$=\square$

앗! 실수

❽ $79+17$
$=79+\square+7$
$=\square+7$
$=\square$

28 몇십으로 만들어 더하는 방법

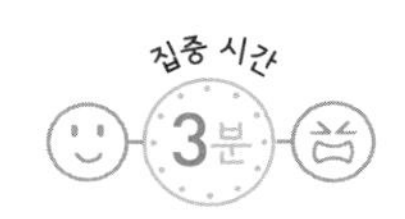
집중 시간
3분

□ 안에 알맞은 수를 써넣으세요.

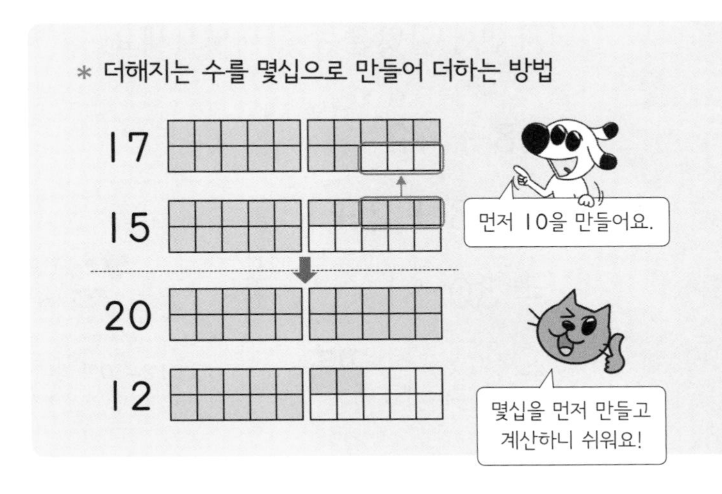
* 더해지는 수를 몇십으로 만들어 더하는 방법
17
15
20
12
먼저 10을 만들어요.
몇십을 먼저 만들고 계산하니 쉬워요!

❶ $17+15$

$= 17 + 3 + $ [12]

$=$ [20] $+ 12$

$=$ □

❷ $26+56$

$= 26 + 4 + $ □

$=$ □ $+ 52$

$=$ □

❸ $38+26$

$= 38 + $ □ $+ 24$

$=$ □ $+ 24$

$=$ □

❹ $46+35$

$= 46 + $ □ $+ 31$

$=$ □ $+ 31$

$=$ □

❺ $37+54$

$= 37 + 3 + $ □

$=$ □ $+ 51$

$=$ □

❻ $58+37$

$= 58 + $ □ $+ 35$

$=$ □ $+ 35$

$=$ □

❼ $45+29$

$= 45 + $ □ $+ 24$

$=$ □ $+ 24$

$=$ □

□ 안에 알맞은 수를 써넣으세요.

❶ $28+42$

$=28+2+\square$

$=30+\square$

$=\square$

계산하기 쉽게 만드는 거네요. 28+2=30이 되니까~

❷ $36+17$

$=36+4+\square$

$=40+\square$

$=\square$

❸ $47+24$

$=47+3+\square$

$=\square+21$

$=\square$

❹ $59+26$

$=59+1+\square$

$=\square+25$

$=\square$

❺ $37+47$

$=37+\square+44$

$=40+\square$

$=\square$

❻ $45+36$

$=45+\square+31$

$=50+\square$

$=\square$

❼ $68+25$

$=68+\square+23$

$=\square+23$

$=\square$

앗! 실수

❽ $77+19$

$=77+\square+16$

$=\square+16$

$=\square$

몇십이 안 나오면 잘못된 계산이에요.

29 생활 속 연산 — 덧셈

□ 안에 알맞은 수를 써넣으세요.

1

책장에 책 26권, 바닥에 책 6권이 있습니다.
책장과 바닥에 있는 책은 모두 □ 권입니다.

2

미나는 줄넘기를 32번 넘었고, 준희는 29번 넘었습니다. 미나와 준희가 넘은 줄넘기 횟수는 모두 □ 번입니다.

3

언니의 몸무게는 47킬로그램이고, 내 몸무게는 35킬로그램입니다. 언니와 내 몸무게를 합하면 □ 킬로그램입니다.

4

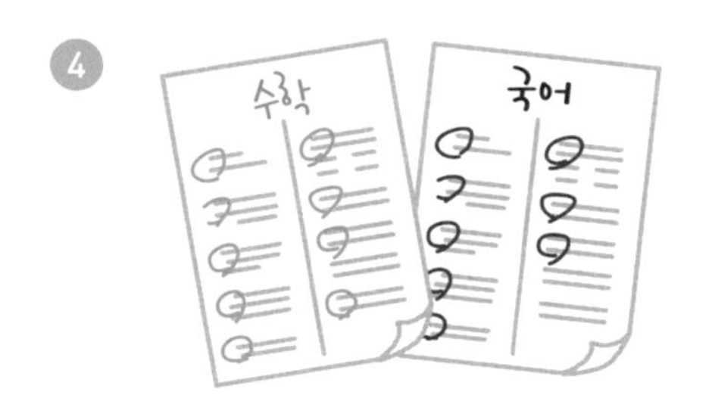

나는 오늘 수학 시험에서 92점, 국어 시험에서 85점을 받았습니다.
수학 점수와 국어 점수를 합하면 □ 점입니다.

집중 시간 2분

북극 마을에서 분리배출을 하는 날이에요. 북극 마을 주민들이 모은 종이 상자, 페트병, 캔은 각각 몇 개인지 나타내는 덧셈식이 되도록 길을 따라간 다음, □ 안에 식의 결과를 써넣으세요.

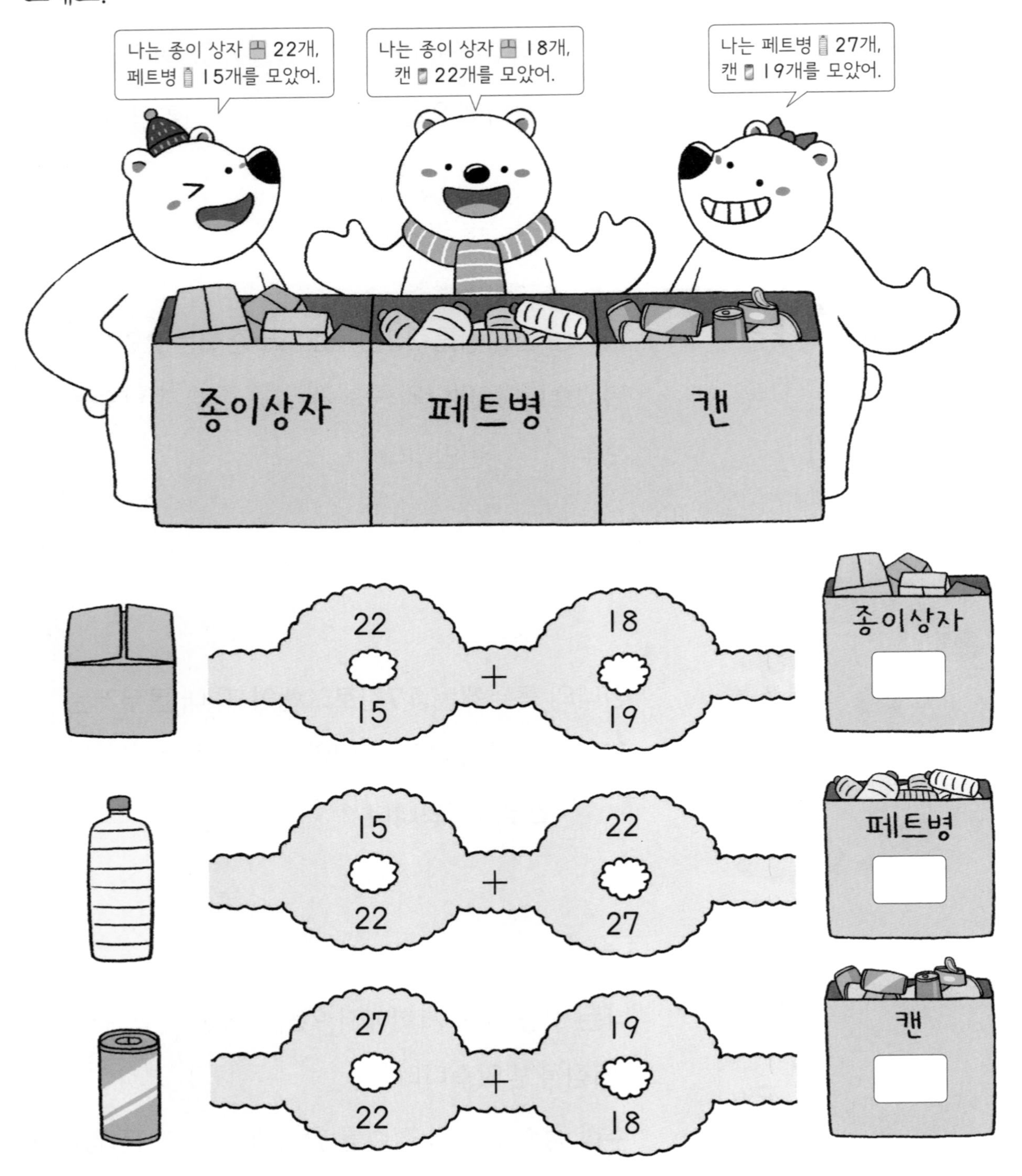

둘째 마당 통과 문제

*틀린 문제는 꼭 다시 확인하고 넘어가요!

※ □ 안에 알맞은 수를 써넣으세요.

❶ $\begin{array}{r} 35 \\ +\ \ 6 \\ \hline \square \end{array}$

❷ $\begin{array}{r} 29 \\ +\ \ 5 \\ \hline \square \end{array}$

❸ $\begin{array}{r} 27 \\ +34 \\ \hline \square \end{array}$

❹ $\begin{array}{r} 78 \\ +17 \\ \hline \square \end{array}$

❺ $\begin{array}{r} 74 \\ +93 \\ \hline \square \end{array}$

❻ $\begin{array}{r} 33 \\ +85 \\ \hline \square \end{array}$

❼ $\begin{array}{r} 94 \\ +39 \\ \hline \square \end{array}$

❽ $\begin{array}{r} 49 \\ +89 \\ \hline \square \end{array}$

❾ $67+6=\square$

❿ $19+23=\square$

⓫ $54+72=\square$

⓬ $96+43=\square$

⓭ $43+67=\square$

⓮ $39+88=\square$

⓯ 종이학을 주희는 17개, 경아는 29개 접었습니다. 주희와 경아가 접은 종이학은 모두 □개입니다.

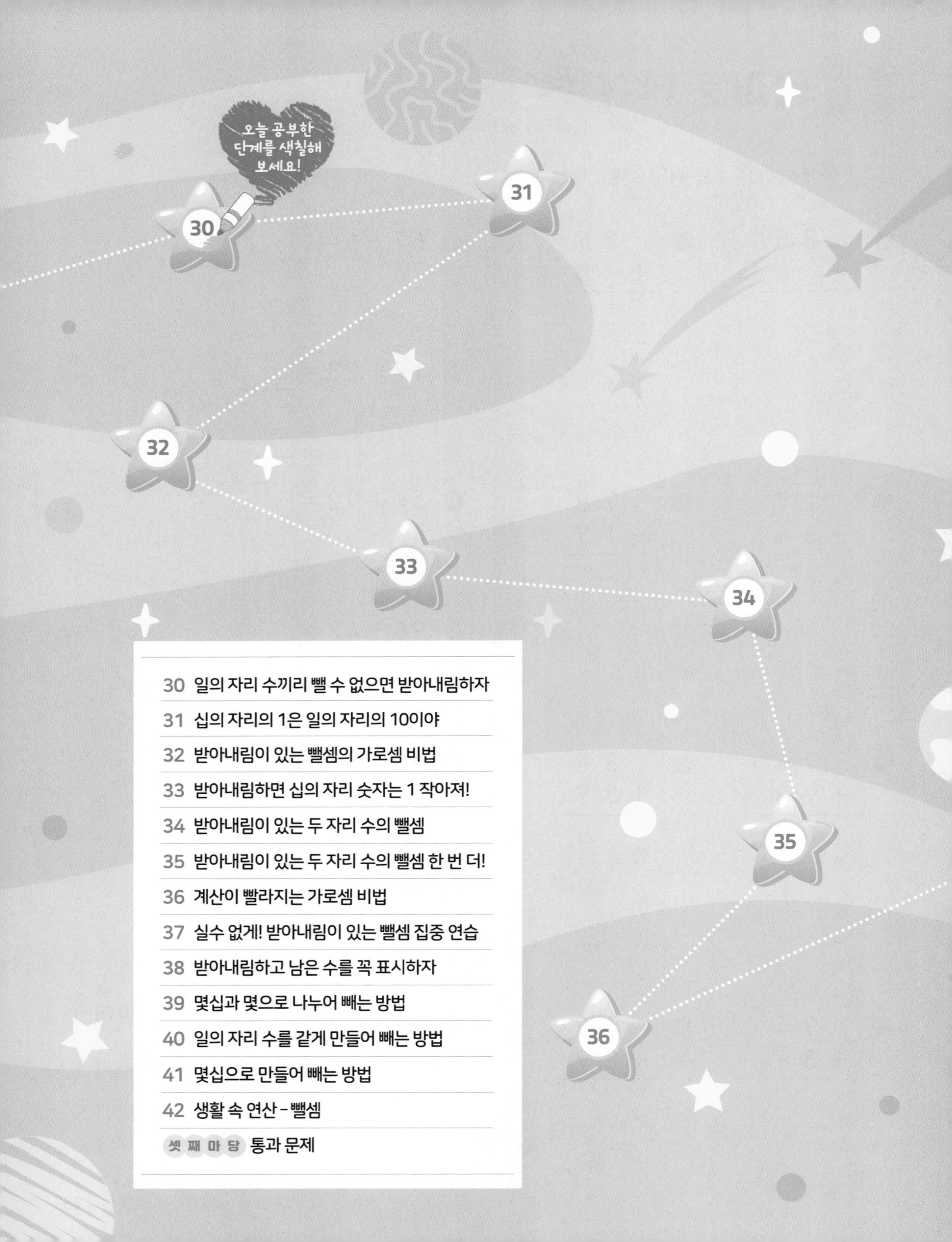
오늘 공부한 단계를 색칠해 보세요!
30
31
32
33
34
35
36

뺄셈

교과서 3. 덧셈과 뺄셈

바빠 개념 쏙쏙!

받아내림이 있는 두 자리 수의 뺄셈

일의 자리 숫자끼리 뺄 수 없으면 십의 자리에서 10을 받아내림하여 계산합니다.

	3	10
	~~4~~	2
−	2	5
	1	7

2에서 5를 뺄 수 없으니
십의 자리에서 10을 빌려 와요.

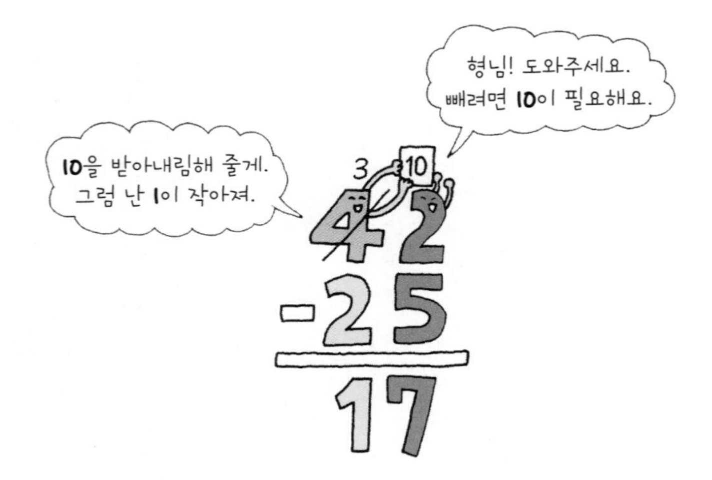

형님! 도와주세요.
빼려면 10이 필요해요.
10을 받아내림해 줄게.
그럼 난 1이 작아져.

잠깐! 퀴즈 십의 자리에서 일의 자리로 10을 받아내림하면 십의 자리 수는 얼마나 작아질까요?
① 1만큼 작아진다. ② 2만큼 작아진다.

정답 ①

30 일의 자리 수끼리 뺄 수 없으면 받아내림하자

빼셈을 하세요.

받아내림한 수와 받아내림하고 남은 수를 작게 써서 실수를 줄일 수 있어요~

❶ 20 − 7 = 13
(❶ 10+0−7=3, ❷ 1−0=1)

❷ 30 − 9 =

❸ 40 − 8 =

❹ 50 − 5 =

❺ 60 − 4 =

❻ 21 − 4 =

❼ 32 − 3 =

❽ 34 − 9 =

❾ 42 − 8 =

❿ 54 − 6 =

⓫ 44 − 8 =

⓬ 52 − 6 =

⓭ 66 − 9 =

⓮ 74 − 5 =

⓯ 81 − 7 =

※ 뺄셈을 하세요.

(십 | 일)

1. (2, 10) ~~3~~0 − 6
2. 40 − 5
3. 23 − 4
4. 34 − 7
5. 45 − 9
6. 31 − 8
7. 46 − 7
8. 67 − 9
9. 53 − 6
10. 72 − 8
11. 46 − 8
12. 64 − 5
13. 52 − 4
14. 83 − 7
15. 95 − 6

십의 자리의 1은 일의 자리의 10이야

빼셈을 하세요.

받아내림한 수와 받아내림하고 남은 수를
잘 표시했다면 이미 반은 푼 거예요~

① 20 − 8 =

(십: 1, 일: 10)

② 70 − 5 =

③ 23 − 5 =

④ 35 − 6 =

⑤ 42 − 9 =

⑥ 24 − 8 =

⑦ 41 − 6 =

⑧ 33 − 9 =

⑨ 57 − 8 =

⑩ 67 − 9 =

⑪ 43 − 7 =

⑫ 66 − 7 =

⑬ 71 − 9 =

⑭ 84 − 5 =

⑮ 92 − 8 =

※ 세로셈으로 나타내고, 뺄셈을 하세요.

일의 자리를 기준으로 줄을 맞추어
세로셈으로 바꿔 풀어요~

① 22−9

	1	10
	~~2~~	2
−		9

② 35−7

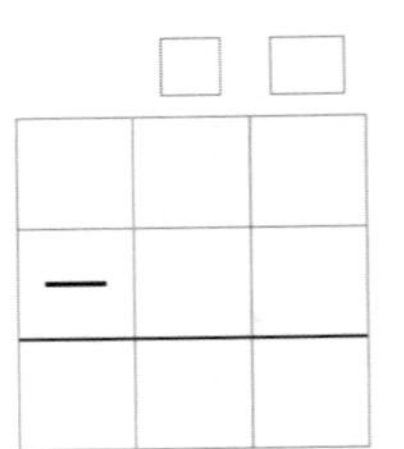

③ 43−6

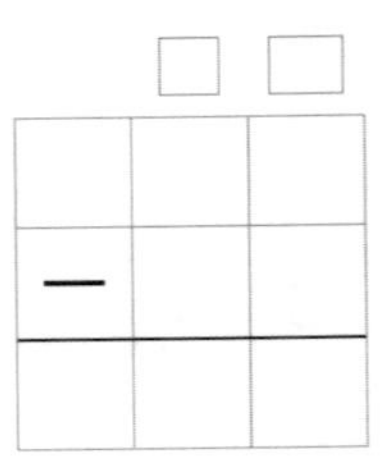

④ 57−8

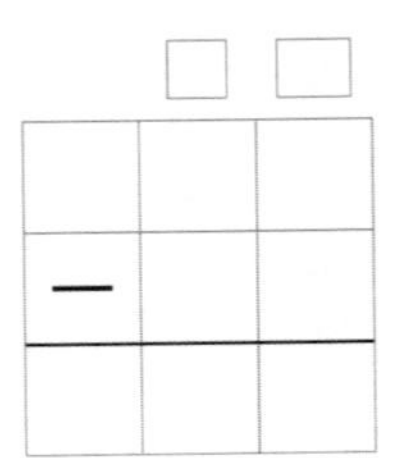

⑤ 46−8

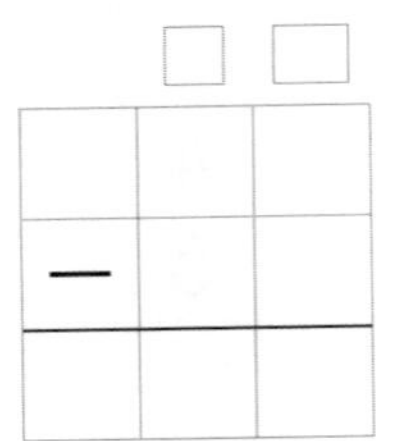

⑥ 65−6

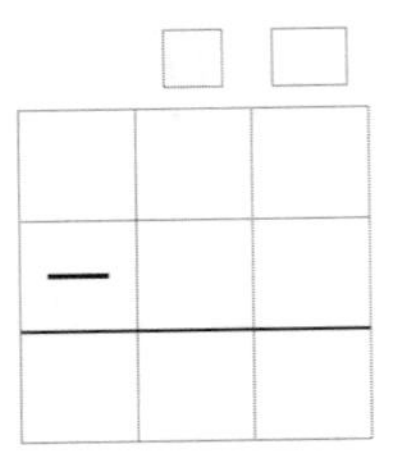

⑦ 51−7

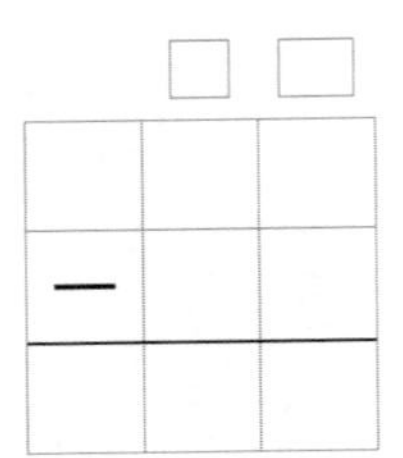

⑧ 73−7

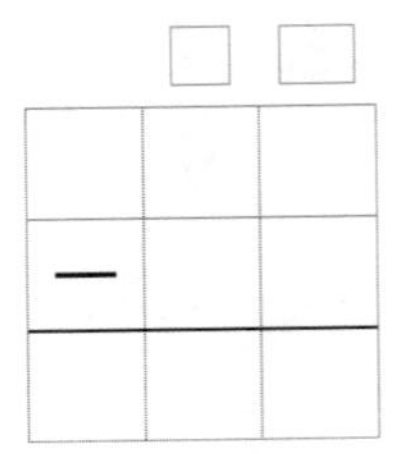

⑨ 52−6

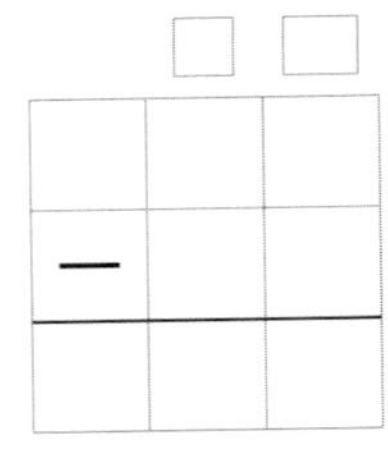

⑩ 72−8

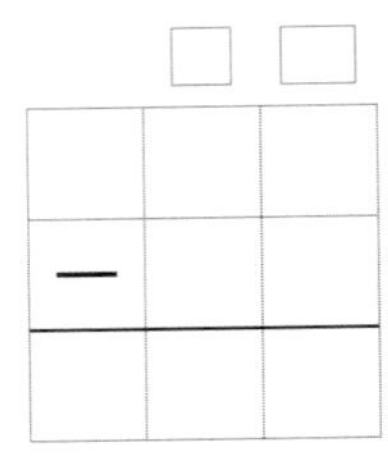

⑪ 80−9

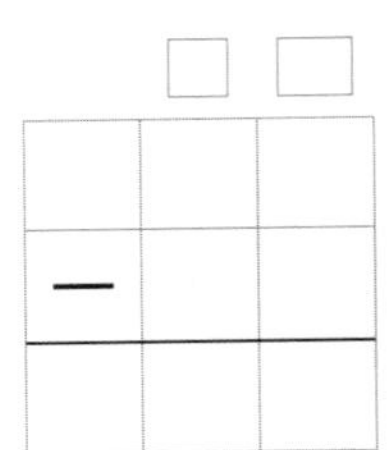

⑫ 93−5

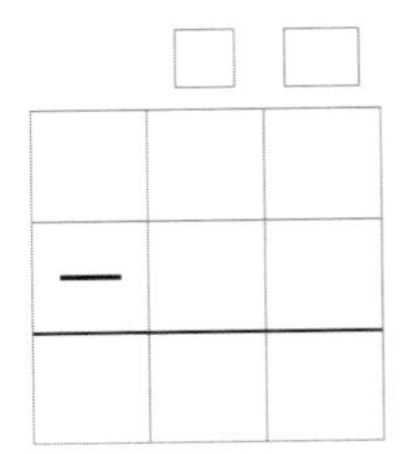

32 받아내림이 있는 뺄셈의 가로셈 비법

뺄셈을 하세요.

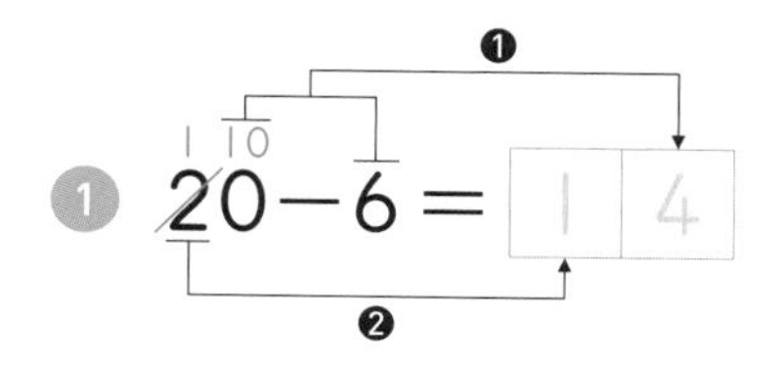

① 20−6 = 1 4

* 가로셈을 세로셈으로 바꾸지 않고 푸는 방법

❶ 10+5−8=7

35−8 = 2 7

❷ 2는 그대로 써요.

내가 빌려줄게.

받아내림한 수를 표시한 후 일의 자리부터 계산해요.

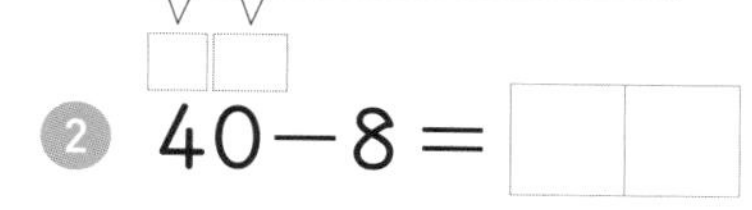

받아내림한 수 10과 받아내림하고 남은 수를 작게 위에 써 보세요!

② 40−8 =

③ 23−7 =

④ 32−9 =

⑤ 71−6 =

⑥ 52−3 =

⑦ 37−9 =

⑧ 41−8 =

⑨ 63−4 =

⑩ 53−8 =

⑪ 75−7 =

뺄셈을 하세요.

① 26 − 7 =

② 32 − 6 =

③ 41 − 3 =

④ 54 − 9 =

⑤ 61 − 5 =

⑥ 45 − 6 =

⑦ 52 − 5 =

⑧ 72 − 7 =

⑨ 65 − 6 =

⑩ 83 − 8 =

⑪ 63 − 7 =

⑫ 74 − 6 =

⑬ 85 − 8 =

⑭ 96 − 9 =

33 받아내림하면 십의 자리 숫자는 1 작아져!

빨셈을 하세요.

❶ $\begin{array}{r} 73 \\ -\ \ 8 \\ \hline \end{array}$

❷ $\begin{array}{r} 31 \\ -\ \ 9 \\ \hline \end{array}$

❸ $\begin{array}{r} 54 \\ -\ \ 7 \\ \hline \end{array}$

❹ $\begin{array}{r} 42 \\ -\ \ 4 \\ \hline \end{array}$

❺ $\begin{array}{r} 65 \\ -\ \ 8 \\ \hline \end{array}$

❻ $\begin{array}{r} 35 \\ -\ \ 7 \\ \hline \end{array}$

❼ $\begin{array}{r} 53 \\ -\ \ 5 \\ \hline \end{array}$

❽ $\begin{array}{r} 82 \\ -\ \ 6 \\ \hline \end{array}$

❾ $\begin{array}{r} 76 \\ -\ \ 9 \\ \hline \end{array}$

❿ $\begin{array}{r} 90 \\ -\ \ 7 \\ \hline \end{array}$

⓫ $\begin{array}{r} 57 \\ -\ \ 8 \\ \hline \end{array}$

⓬ $\begin{array}{r} 83 \\ -\ \ 7 \\ \hline \end{array}$

⓭ $\begin{array}{r} 91 \\ -\ \ 6 \\ \hline \end{array}$

일의 자리 수끼리 뺄 수 없으면 윗자리인 십의 자리에서 10을 받아내림하면 돼요.
좋아. 내가 내려 줄게!
10
십의 자리
일의 자리

집중 시간 3분

빈칸에 알맞은 수를 써넣으세요.

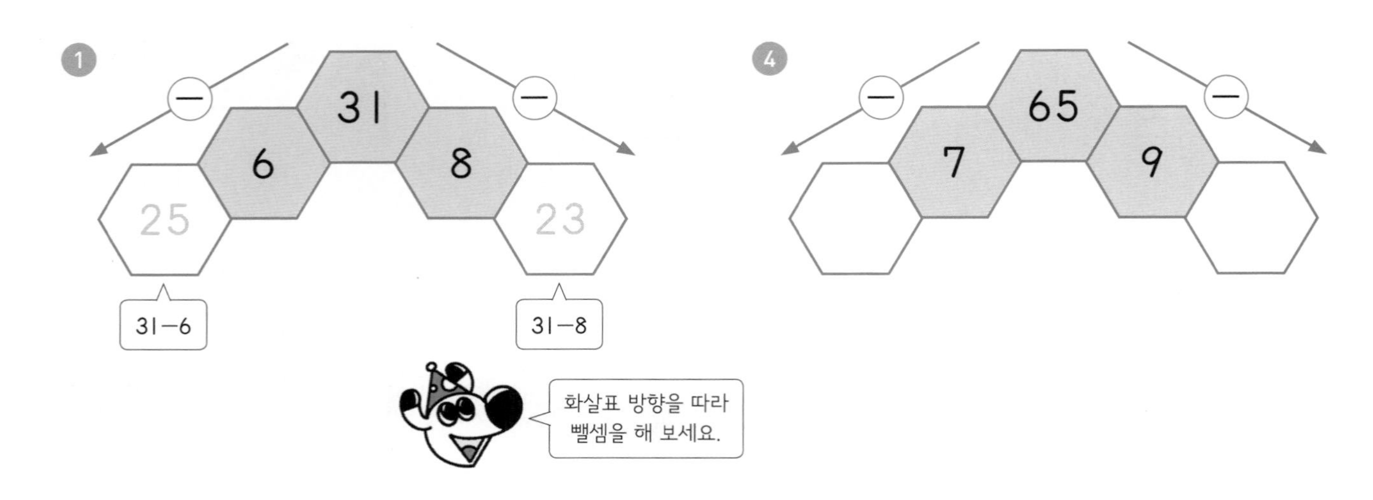

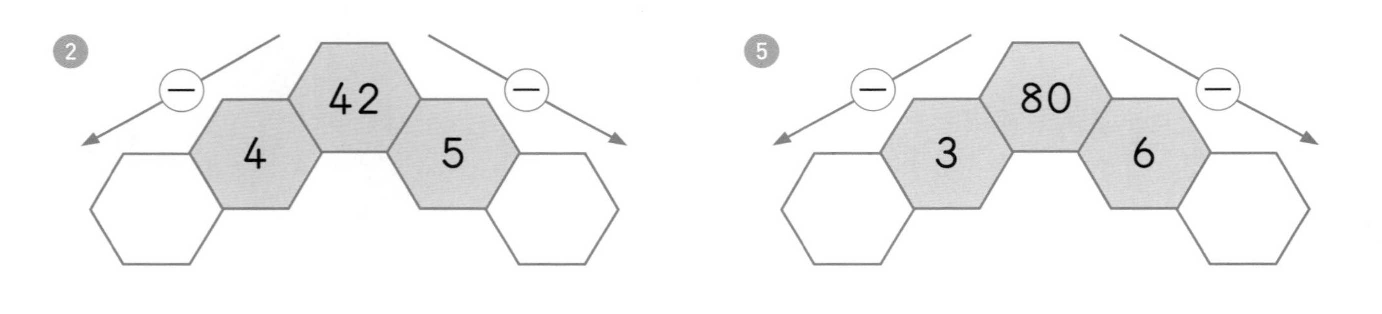

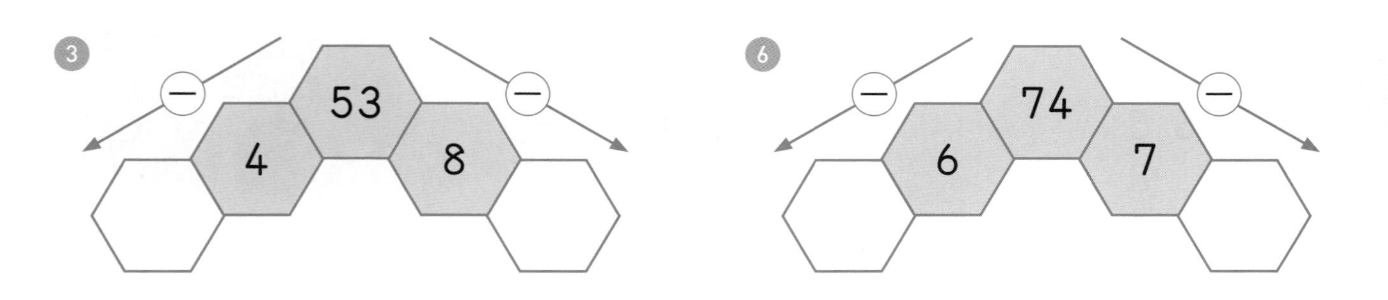

34 받아내림이 있는 두 자리 수의 뺄셈

빼셈을 하세요.

십의 자리에서 일의 자리로 받아내림하면 십의 자리 숫자는 1만큼 작아져요.

	십	일
	1	10
①	~~2~~	0
−	1	8
		2

❶ 10+0−8=2

❷ 1−1=0

십의 자리의 계산 결과가 0이면 0은 쓰지 않아요.

② 30 − 26

③ 40 − 23

④ 50 − 27

⑤ 60 − 12

⑥ 21 − 15

⑦ 32 − 23

⑧ 42 − 16

⑨ 35 − 17

⑩ 54 − 35

⑪ 85 − 28

⑫ 61 − 26

⑬ 53 − 19

⑭ 71 − 43

⑮ 84 − 37

뺄셈을 하세요.

일의 자리 숫자가 0이라는 건 일의 자리에 아무것도 없음을 뜻해요.

(십) (일)

① $\begin{array}{r} \overset{3}{\cancel{4}}\overset{10}{0} \\ -\ 2\,7 \\ \hline \end{array}$

② $\begin{array}{r} 6\,0 \\ -\ 2\,6 \\ \hline \end{array}$

③ $\begin{array}{r} 3\,0 \\ -\ 1\,9 \\ \hline \end{array}$

④ $\begin{array}{r} 5\,0 \\ -\ 1\,4 \\ \hline \end{array}$

⑤ $\begin{array}{r} 7\,0 \\ -\ 2\,3 \\ \hline \end{array}$

⑥ $\begin{array}{r} 4\,6 \\ -\ 1\,8 \\ \hline \end{array}$

⑦ $\begin{array}{r} 5\,3 \\ -\ 3\,6 \\ \hline \end{array}$

⑧ $\begin{array}{r} 7\,2 \\ -\ 2\,8 \\ \hline \end{array}$

⑨ $\begin{array}{r} 6\,5 \\ -\ 2\,6 \\ \hline \end{array}$

(십) (일)

⑩ $\begin{array}{r} 5\,2 \\ -\ 3\,4 \\ \hline \end{array}$

⑪ $\begin{array}{r} 4\,4 \\ -\ 2\,9 \\ \hline \end{array}$

⑫ $\begin{array}{r} 8\,4 \\ -\ 5\,6 \\ \hline \end{array}$

⑬ $\begin{array}{r} 7\,3 \\ -\ 4\,8 \\ \hline \end{array}$

⑭ $\begin{array}{r} 9\,1 \\ -\ 3\,7 \\ \hline \end{array}$

86쪽 정답 맞추는 비밀 공개!
홀수 번호는 답이 홀수,
짝수 번호는 답이 짝수예요~

35 받아내림이 있는 두 자리 수의 뺄셈 한 번 더!

빼셈을 하세요.

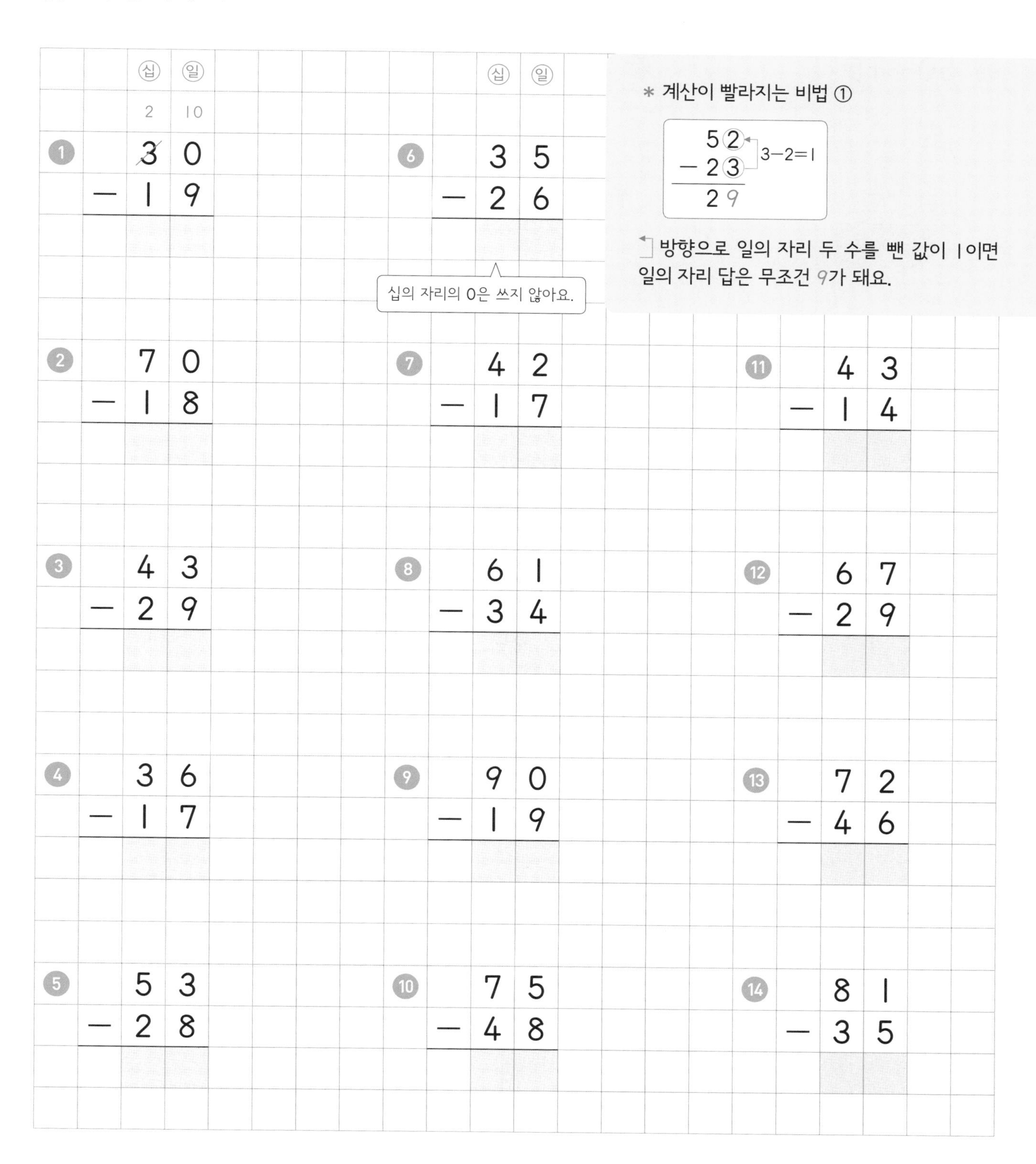

세로셈으로 나타내고, 뺄셈을 하세요.

세로셈으로 풀 땐 같은 자리 수끼리 줄을 맞추어 써요.

❶ 50－15

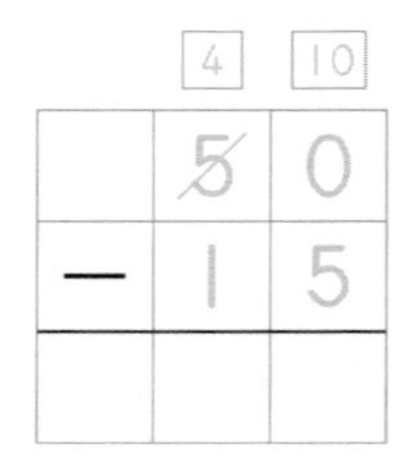

❺ 53－35

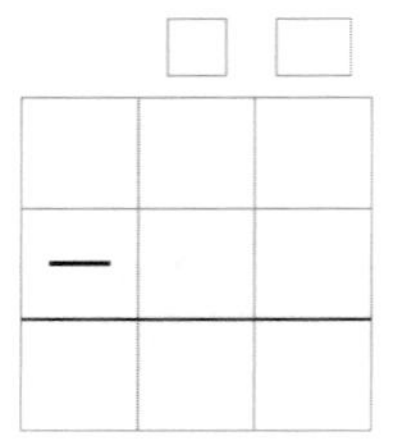

❾ 54－38

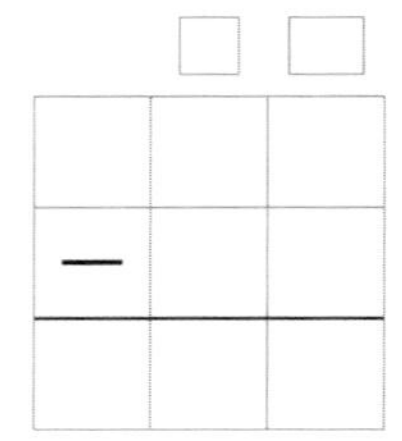

❷ 70－28

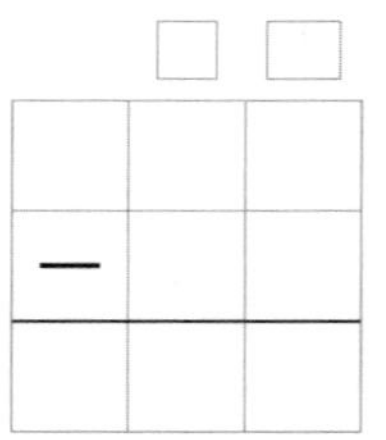

❻ 61－29

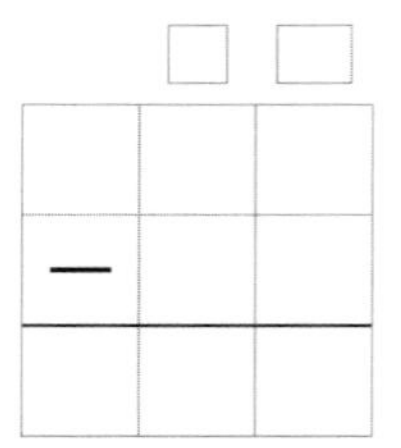

❿ 72－24

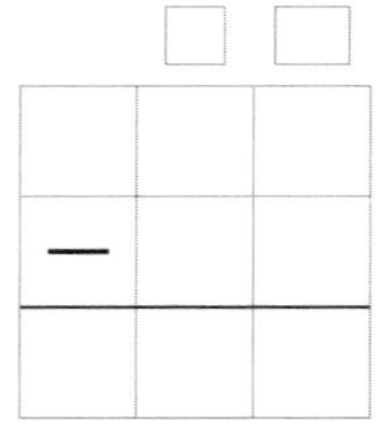

❸ 35－19

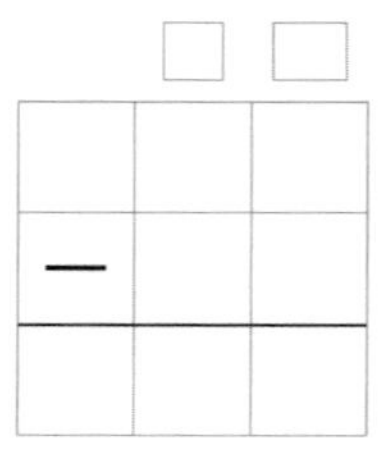

❼ 75－36

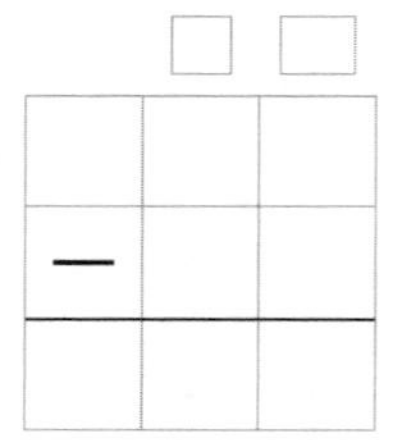

⓫ 81－57

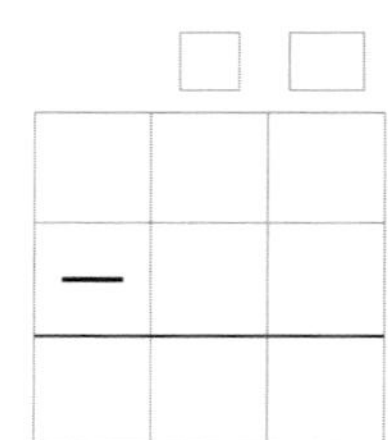

❹ 46－17

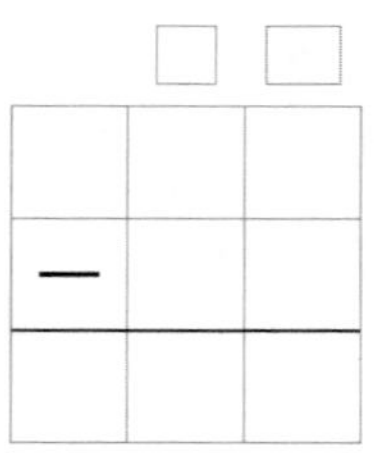

❽ 82－18

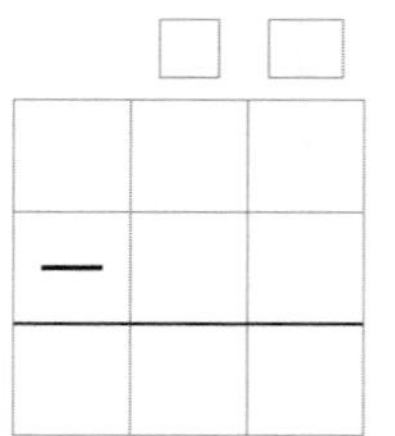

⓬ 92－45

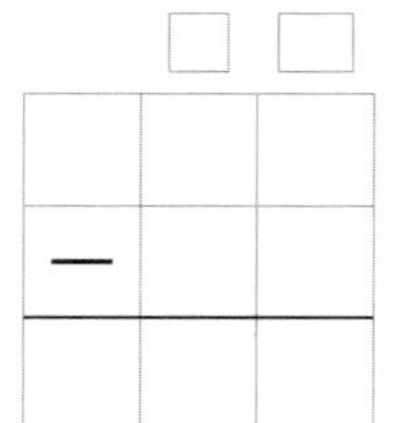

36 계산이 빨라지는 가로셈 비법

빼셈을 하세요.

* 받아내림이 있는 두 자리 수의 뺄셈의 가로셈 푸는 방법

❶ 10+2−7=5

32−17= 1 5

❷ 2−1=1

받아내림한 수를 표시하면 실수를 줄일 수 있어요.

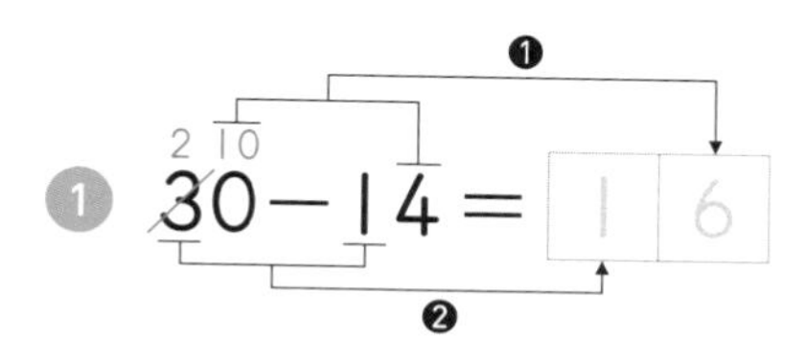

① 30−14= 1 6

일의 자리로 10을 받아내림하면
십의 자리 숫자는 1만큼 작아져요!

② 40−23=

③ 60−38=

④ 32−19=

⑤ 43−25=

⑥ 52−13=

⑦ 45−16=

⑧ 51−27=

⑨ 65−29=

⑩ 72−45=

⑪ 83−37=

집중 시간 4분

뺄셈을 하세요.

① $40-16=$

② $60-39=$

③ $80-18=$

④ $45-26=$

⑤ $54-26=$

⑥ $42-17=$

⑦ $62-56=$

⑧ $51-38=$

⑨ $82-47=$

⑩ $76-27=$

* 계산이 빨라지는 비법 ②

$$\begin{array}{r} 3\,② \\ -\ 1\,④ \\ \hline 1\,8 \end{array} \quad 4-2=2$$

↰ 방향으로 일의 자리 두 수를 뺀 값이 2면 일의 자리 답은 무조건 8이 돼요.

⑪ $63-47=$

⑫ $75-36=$

⑬ $84-19=$

⑭ $97-68=$

37 실수 없게! 받아내림이 있는 뺄셈 집중 연습

뺄셈을 하세요.

① $\begin{array}{r} 45 \\ -\ 27 \\ \hline \end{array}$

② $\begin{array}{r} 51 \\ -\ 22 \\ \hline \end{array}$

③ $\begin{array}{r} 64 \\ -\ 36 \\ \hline \end{array}$

④ $\begin{array}{r} 72 \\ -\ 15 \\ \hline \end{array}$

⑤ $\begin{array}{r} 82 \\ -\ 69 \\ \hline \end{array}$

⑥ $\begin{array}{r} 53 \\ -\ 38 \\ \hline \end{array}$

⑦ $\begin{array}{r} 95 \\ -\ 26 \\ \hline \end{array}$

⑧ $\begin{array}{r} 63 \\ -\ 29 \\ \hline \end{array}$

⑨ $\begin{array}{r} 71 \\ -\ 34 \\ \hline \end{array}$

⑩ $\begin{array}{r} 92 \\ -\ 37 \\ \hline \end{array}$

⑪ $34-28=$

친구들이 힘들어하는 뺄셈인데
잘 풀고 있어요!

⑫ $43-15=$

⑬ $52-36=$

⑭ $90-53=$

⑮ $65-27=$

뺄셈을 하세요.

어려운 문제는 ☆ 표시를 하고
꼭 한 번 더 풀어야 해요.

① $\begin{array}{r} 52 \\ -\ 25 \\ \hline \end{array}$

② $\begin{array}{r} 46 \\ -\ 18 \\ \hline \end{array}$

③ $\begin{array}{r} 63 \\ -\ 26 \\ \hline \end{array}$

④ $\begin{array}{r} 72 \\ -\ 54 \\ \hline \end{array}$

⑤ $\begin{array}{r} 81 \\ -\ 65 \\ \hline \end{array}$

⑥ $\begin{array}{r} 64 \\ -\ 15 \\ \hline \end{array}$

⑦ $\begin{array}{r} 85 \\ -\ 49 \\ \hline \end{array}$

⑧ $\begin{array}{r} 92 \\ -\ 46 \\ \hline \end{array}$

⑨ $\begin{array}{r} 53 \\ -\ 39 \\ \hline \end{array}$

⑩ $\begin{array}{r} 93 \\ -\ 55 \\ \hline \end{array}$

⑪ $44-26=$

⑫ $56-19=$

⑬ $61-38=$

⑭ $74-45=$

⑮ $85-29=$

38 받아내림하고 남은 수를 꼭 표시하자

빨셈을 하세요.

① $\begin{array}{r} 50 \\ -\ 38 \\ \hline \end{array}$

② $\begin{array}{r} 45 \\ -\ 27 \\ \hline \end{array}$

③ $\begin{array}{r} 51 \\ -\ 26 \\ \hline \end{array}$

④ $\begin{array}{r} 64 \\ -\ 28 \\ \hline \end{array}$

⑤ $\begin{array}{r} 73 \\ -\ 16 \\ \hline \end{array}$

⑥ $\begin{array}{r} 65 \\ -\ 46 \\ \hline \end{array}$

⑦ $\begin{array}{r} 43 \\ -\ 28 \\ \hline \end{array}$

⑧ $\begin{array}{r} 72 \\ -\ 43 \\ \hline \end{array}$

⑨ $\begin{array}{r} 83 \\ -\ 25 \\ \hline \end{array}$

⑩ $\begin{array}{r} 94 \\ -\ 49 \\ \hline \end{array}$

⑪ $\begin{array}{r} 68 \\ -\ 19 \\ \hline \end{array}$

⑫ $\begin{array}{r} 86 \\ -\ 58 \\ \hline \end{array}$

⑬ $\begin{array}{r} 92 \\ -\ 36 \\ \hline \end{array}$

너를 돕기 위해
난 1이 작아졌지만
괜찮아!
형님 덕분에 전 10만큼
커졌어요. 고마워요.
십의 자리 형님!
1
십의 자리
일의 자리

※ 가운데 있는 수에서 바깥에 있는 수를 뺀 값을 빈칸에 써넣으세요.

1
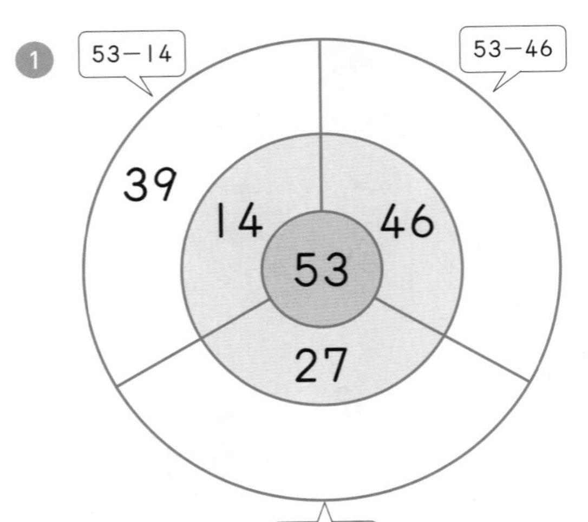

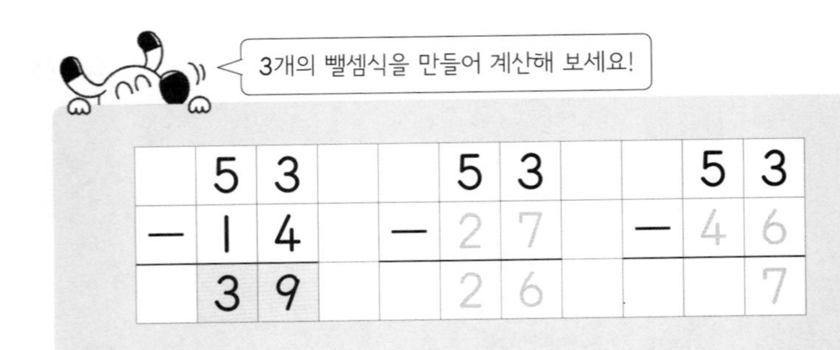

3개의 뺄셈식을 만들어 계산해 보세요!
53
－14
39
53
－27
26
53
－46
7

2
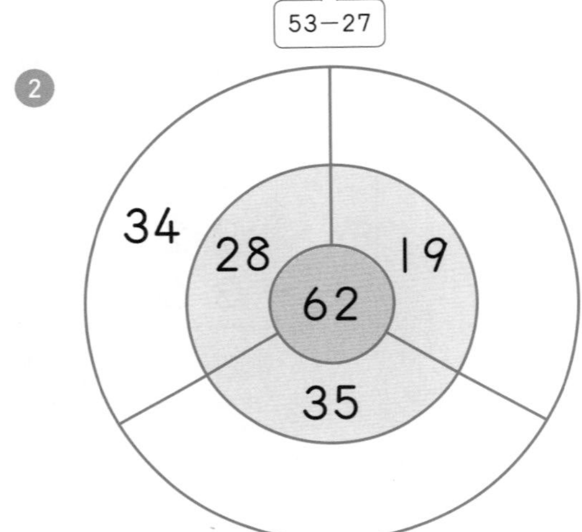

4
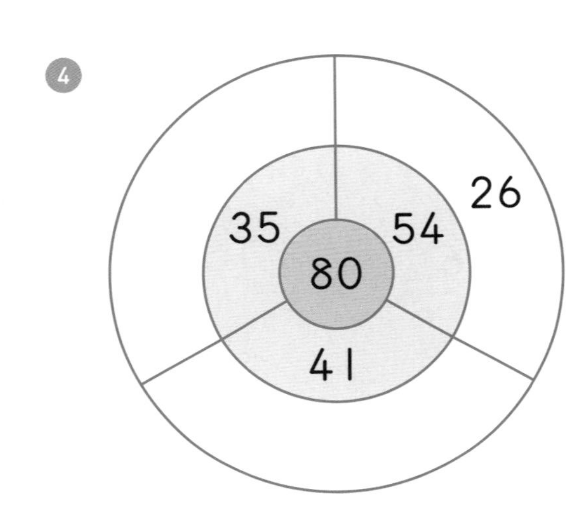

3
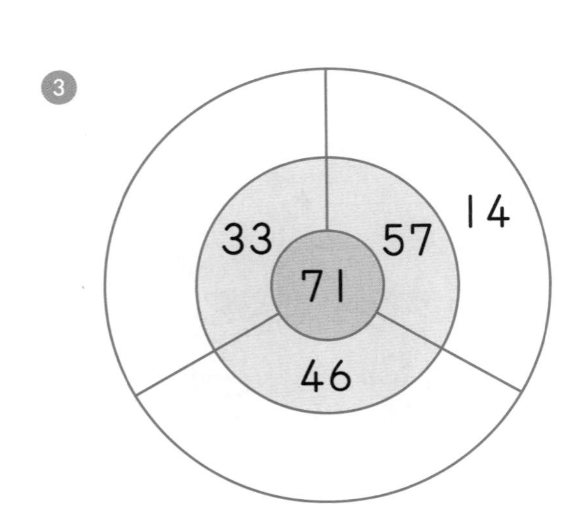

5
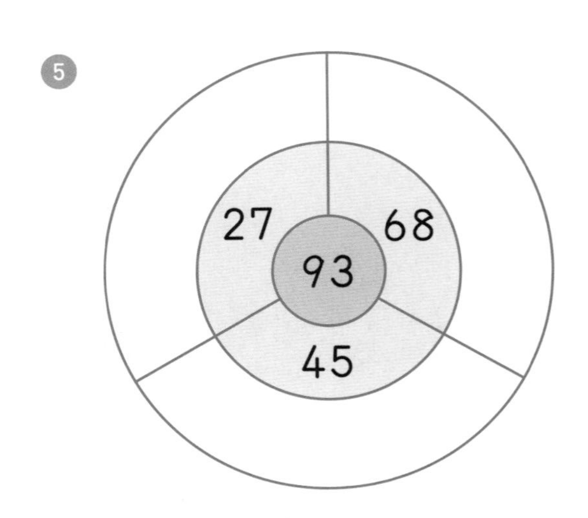

39 몇십과 몇으로 나누어 빼는 방법

집중 시간
2분

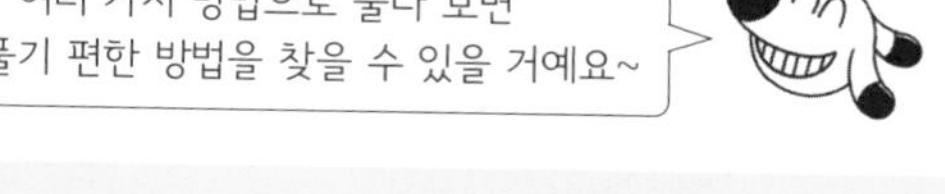
여러 가지 방법으로 풀다 보면
가장 풀기 편한 방법을 찾을 수 있을 거예요~

□ 안에 알맞은 수를 써넣으세요.

* 몇십을 먼저 뺀 다음 몇을 더 빼는 방법

35

17

$35-17=35-10-7$
$=25-7=18$

❶ $24-18$
$=24-10-$ [8]
$=14-$ □
$=$ □

빼는 수의 몇십을 먼저 빼요.

❷ $33-25$
$=33-20-$ □
$=13-$ □
$=$ □

❸ $45-26$
$=45-20-$ □
$=25-$ □
$=$ □

❹ $52-38$
$=52-30-$ □
$=22-$ □
$=$ □

❺ $42-26$
$=42-$ □ -6
$=$ □ -6
$=$ □

❻ $51-43$
$=51-$ □ -3
$=$ □ -3
$=$ □

❼ $67-29$
$=67-$ □ -9
$=$ □ -9
$=$ □

□ 안에 알맞은 수를 써넣으세요.

① $37-18$
$=37-10-\square$
$=27-\square$
$=\square$

② $52-27$
$=52-20-\square$
$=32-\square$
$=\square$

③ $45-29$
$=45-20-\square$
$=25-\square$
$=\square$

④ $64-38$
$=64-30-\square$
$=34-\square$
$=\square$

⑤ $53-36$
$=53-\square-6$
$=\square-6$
$=\square$

⑥ $61-37$
$=61-\square-7$
$=\square-7$
$=\square$

⑦ $72-45$
$=72-\square-5$
$=\square-5$
$=\square$

자주 틀리는 수 조합이에요.
집중해서 풀어봐요.

앗! 실수

⑧ $86-58$
$=86-\square-8$
$=\square-8$
$=\square$

40 일의 자리 수를 같게 만들어 빼는 방법

□ 안에 알맞은 수를 써넣으세요.

① $25 - 17$

$= 25 - 15 - \boxed{2}$

$= 10 - \square$

$= \square$

25와 일의 자리 수가 같도록 15 먼저 빼고 2를 빼요.

* 몇십이 되도록 일의 자리 수를 같게 만들어 빼는 방법

28

$28 - 19 = 28 - 18 - 1$

$= 10 - 1 = 9$

② $32 - 26$

$= 32 - 22 - \square$

$= 10 - \square$

$= \square$

③ $46 - 18$

$= 46 - 16 - \square$

$= 30 - \square$

$= \square$

④ $51 - 36$

$= 51 - 31 - \square$

$= 20 - \square$

$= \square$

⑤ $64 - 27$

$= 64 - \square - 3$

$= \square - 3$

$= \square$

⑥ $73 - 35$

$= 73 - \square - 2$

$= \square - 2$

$= \square$

⑦ $92 - 48$

$= 92 - \square - 6$

$= \square - 6$

$= \square$

□ 안에 알맞은 수를 써넣으세요.

① $45-27$
$=45-25-\square$
$=20-\square$
$=\square$

② $55-39$
$=55-35-\square$
$=20-\square$
$=\square$

③ $62-25$
$=62-22-\square$
$=40-\square$
$=\square$

④ $71-56$
$=71-51-\square$
$=20-\square$
$=\square$

⑤ $57-29$
$=57-\square-2$
$=\square-2$
$=\square$

⑥ $72-38$
$=72-\square-6$
$=\square-6$
$=\square$

⑦ $83-44$
$=83-\square-1$
$=\square-1$
$=\square$

앗! 실수

⑧ $94-67$
$=94-\square-3$
$=\square-3$
$=\square$

41 몇십으로 만들어 빼는 방법

※ □ 안에 알맞은 수를 써넣으세요.

* 빼는 수를 더 큰 몇십으로 만들어 빼는 방법

$46-18=28$

❶ $46-20=26$ ($-20+2$)

❷ $26+2=28$

18보다 2만큼 더 뺐으므로 2를 다시 더해줘요.

빼는 수(18)를 더 큰 몇십(20)으로 만들어 뺀 다음 더 뺀만큼(2)을 다시 더해요.

❶ $26-19$

$=26-20+$ □ (1)

$=6+$ □

$=$ □

26−20은 26−19보다 1만큼 더 뺀 거예요.

❷ $34-19$

$=34-20+$ □

$=14+$ □

$=$ □

❸ $43-29$

$=43-30+$ □

$=13+$ □

$=$ □

❹ $52-18$

$=52-20+$ □

$=32+$ □

$=$ □

❺ $54-38$

$=54-$ □ $+2$

$=$ □ $+2$

$=$ □

❻ $63-47$

$=63-$ □ $+3$

$=$ □ $+3$

$=$ □

❼ $72-37$

$=72-$ □ $+3$

$=$ □ $+3$

$=$ □

□ 안에 알맞은 수를 써넣으세요.

❶ $35-17$
$=35-20+\square$
$=15+\square$
$=\square$

❷ $43-28$
$=43-30+\square$
$=13+\square$
$=\square$

❸ $52-17$
$=52-20+\square$
$=\square+\square$
$=\square$

❹ $61-38$
$=61-40+\square$
$=21+\square$
$=\square$

❺ $46-27$
$=46-\square+3$
$=\square+3$
$=\square$

❻ $72-29$
$=72-\square+1$
$=\square+1$
$=\square$

❼ $83-17$
$=83-\square+3$
$=\square+3$
$=\square$

앗! 실수

❽ $96-48$
$=96-\square+2$
$=\square+2$
$=\square$

생활 속 연산 — 뺄셈

□ 안에 알맞은 수를 써넣으세요.

1

단감 30개 중 12개를 말려 곶감을 만들었습니다.

남은 단감은 □개입니다.

2

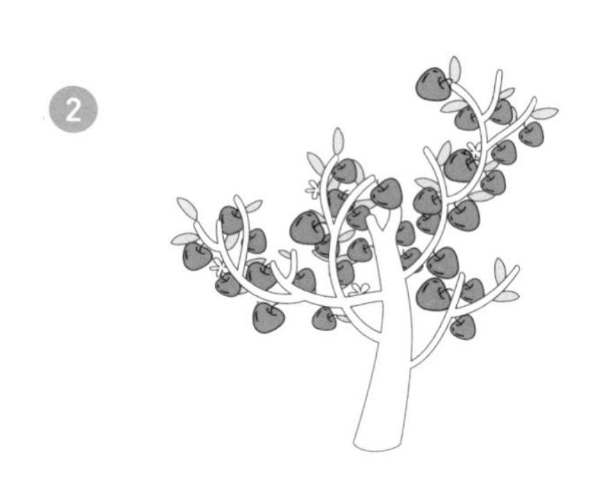

사과 나무에 열린 사과는 45개입니다. 그중 18개를 따았다면 남은 사과는 □개입니다.

3

5
일 월 화 수 목 금 토
1 2 3
4 5 6 7 8 9 10
11 12 13 14 15 16 17
18 19 20 21 22 23 24
25 26 27 28 29 30 31

5월 한 달 31일 중 8일 동안 운동했습니다.

5월에 운동하지 않은 날은 모두 □일입니다.

4

할아버지의 연세는 80세, 아버지의 연세는 42세입니다. 할아버지는 아버지보다 □세가 더 많습니다.

42 꿀떡! 연산 간식

※ 뺄셈식이 맞는 길로 가면 고양이가 원하는 것을 할 수 있어요. 알맞은 뺄셈식이 되도록 길을 따라가 보세요.

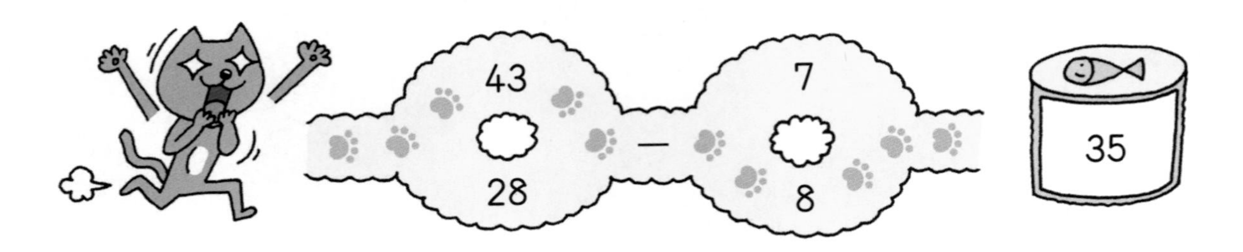

2

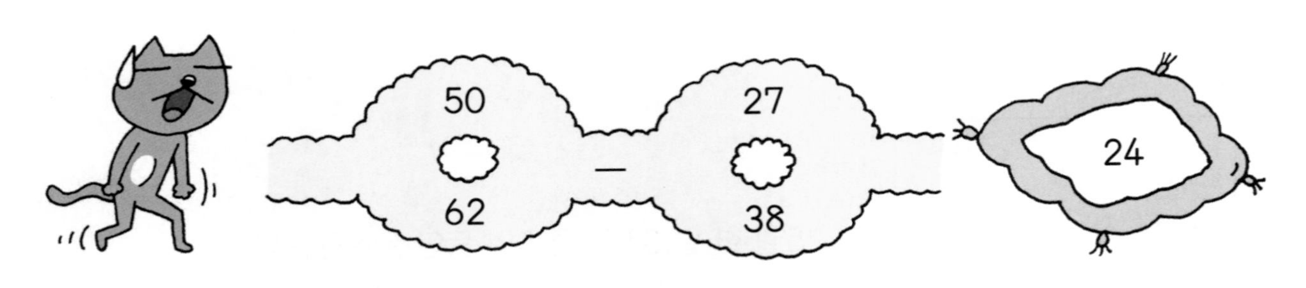

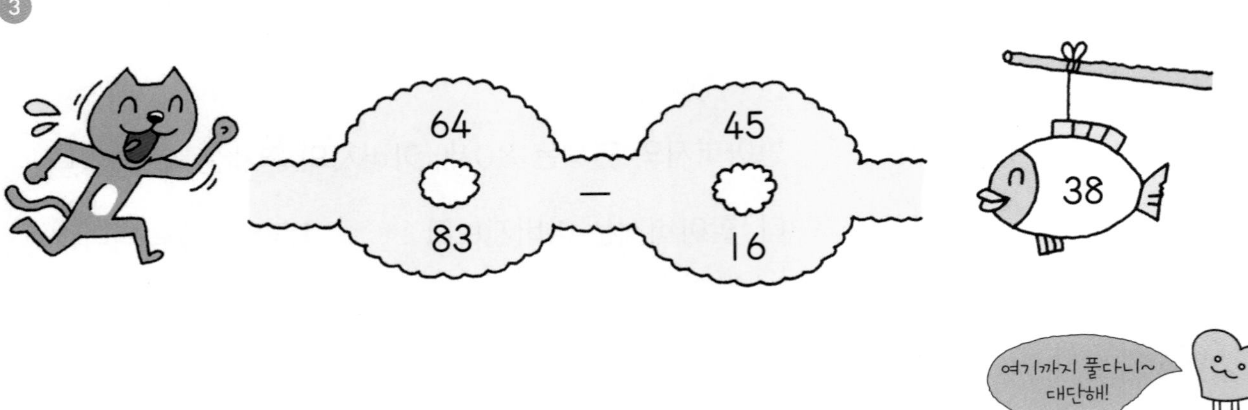

셋째 마당 통과 문제

*틀린 문제는 꼭 다시 확인하고 넘어가요!

□ 안에 알맞은 수를 써넣으세요.

① $\begin{array}{r} 30 \\ -\ \ 9 \\ \hline \square \end{array}$

② $\begin{array}{r} 50 \\ -\ \ 3 \\ \hline \square \end{array}$

③ $\begin{array}{r} 46 \\ -\ \ 8 \\ \hline \square \end{array}$

④ $\begin{array}{r} 65 \\ -\ \ 9 \\ \hline \square \end{array}$

⑤ $\begin{array}{r} 20 \\ -15 \\ \hline \square \end{array}$

⑥ $\begin{array}{r} 60 \\ -23 \\ \hline \square \end{array}$

⑦ $\begin{array}{r} 73 \\ -46 \\ \hline \square \end{array}$

⑧ $\begin{array}{r} 91 \\ -33 \\ \hline \square \end{array}$

⑨ $40-7=\square$

⑩ $54-8=\square$

⑪ $22-19=\square$

⑫ $61-25=\square$

⑬ $83-29=\square$

⑭ $70-51=\square$

⑮ 귤이 32개 들어 있는 상자에서 귤 13개를 먹었습니다. 상자에 남아 있는 귤은 □개입니다.

오늘 공부한 단계를 색칠해 보세요!
43
44
45
46
47
48
49
50

넷째 마당

세 수의 계산, 덧셈과 뺄셈의 관계

교과서 3. 덧셈과 뺄셈

51

52

53

54

바빠 개념 쏙쏙!

✪ 덧셈과 뺄셈의 관계

① 덧셈식은 뺄셈식 2개로 나타낼 수 있습니다.

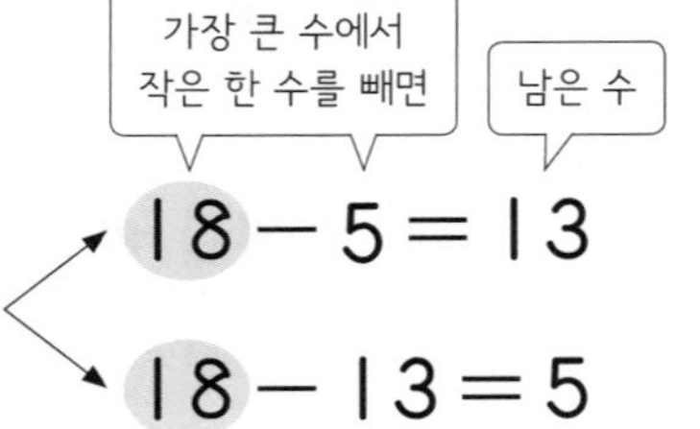

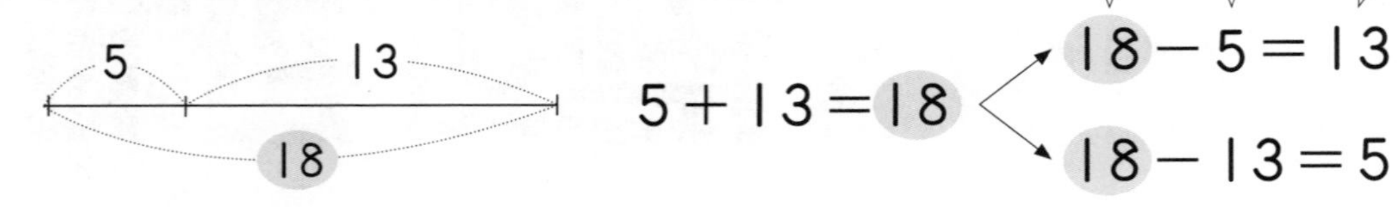

② 뺄셈식은 덧셈식 2개로 나타낼 수 있습니다.

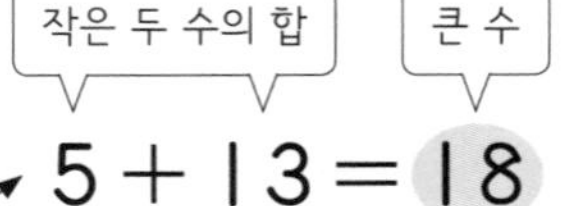

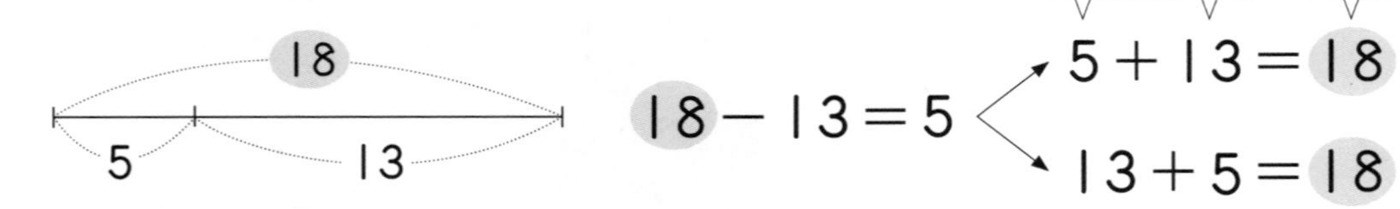

잠깐! 퀴즈 하나의 덧셈식은 몇 개의 뺄셈식으로 나타낼 수 있을까요?

① 1개 ② 2개

정답 ②

집중 시간
3분

43 세 수의 덧셈은 두 수씩 차례대로!

□ 안에 알맞은 수를 써넣으세요.

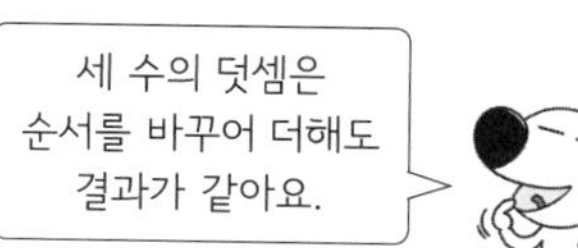
세 수의 덧셈은
순서를 바꾸어 더해도
결과가 같아요.

① $18+6+8=$ 32

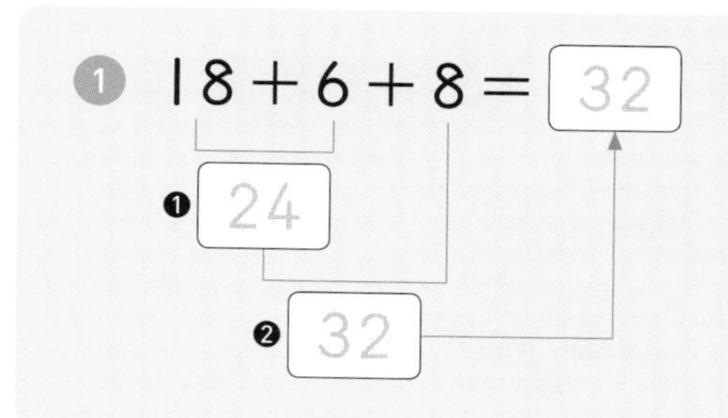
❶ 24
❷ 32

⑤ $18+6+8=$ □

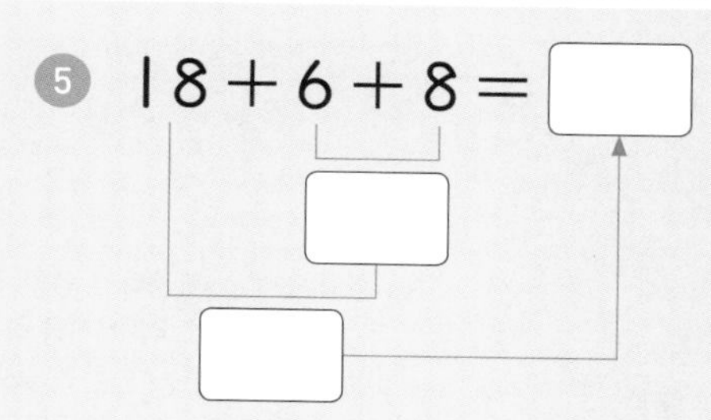

② $25+9+17=$ □

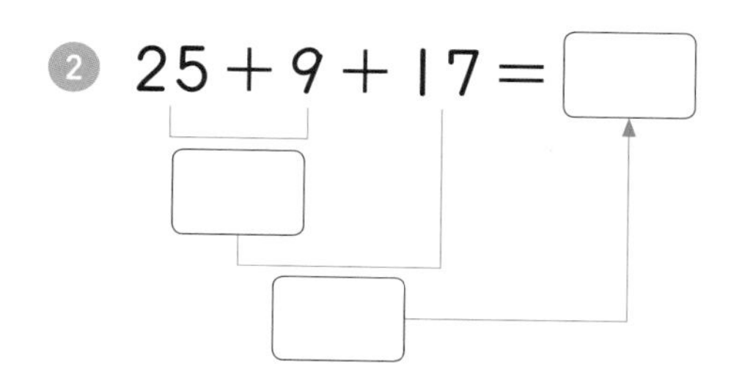

⑥ $25+9+17=$ □

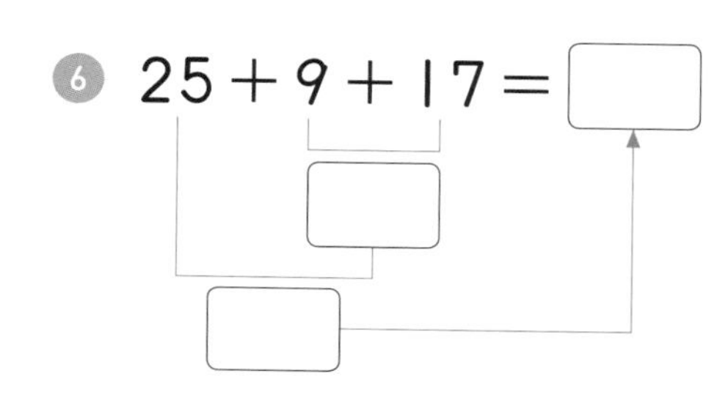

③ $16+17+29=$ □

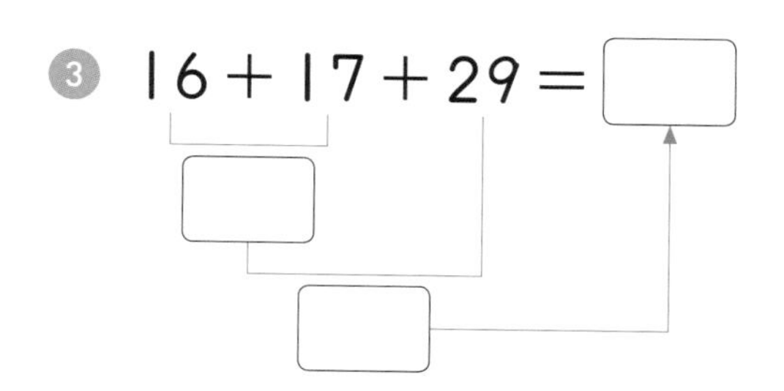

⑦ $16+17+29=$ □

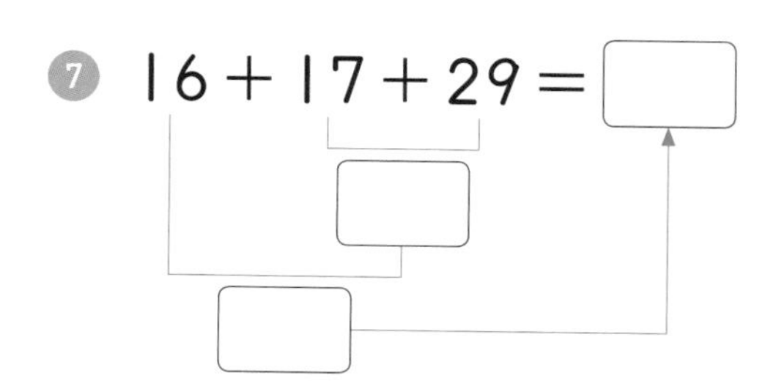

④ $48+18+23=$ □

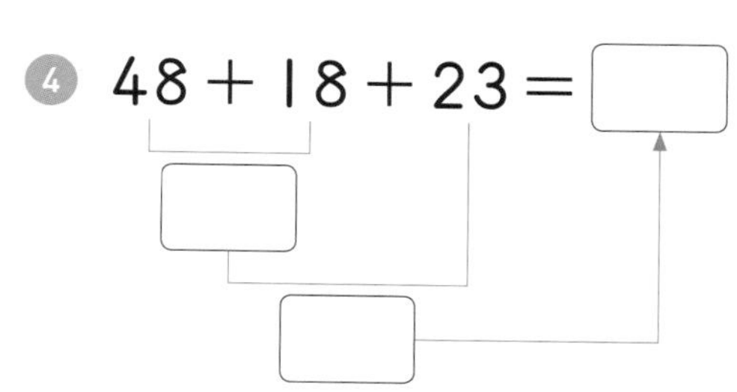

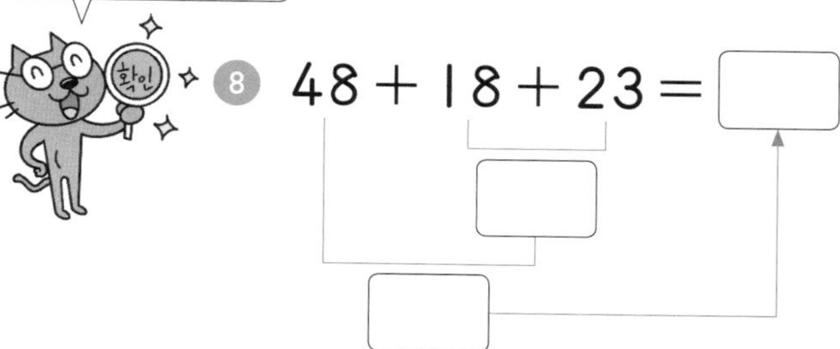
다 풀었으면 옆의 문제와
계산 결과가 같은지 확인해 봐요~
다르면 다시 풀어 보세요!
확인

⑧ $48+18+23=$ □

집중 시간 3분

※ 계산을 하세요.

① $17+25+6=$

⑤ $27+48+16=$

세 수의 덧셈은 계산하기 편한 것끼리 먼저
더해도 돼요. 그러나 지금은 두 수씩
차례대로 계산하는 습관을 들여 보아요.

② $24+12+19=$

⑥ $17+26+54=$

③ $36+15+29=$

⑦ $38+49+13=$

④ $19+16+47=$

⑧ $43+39+21=$

세 수의 뺄셈은 반드시 앞에서부터!

□ 안에 알맞은 수를 써넣으세요.

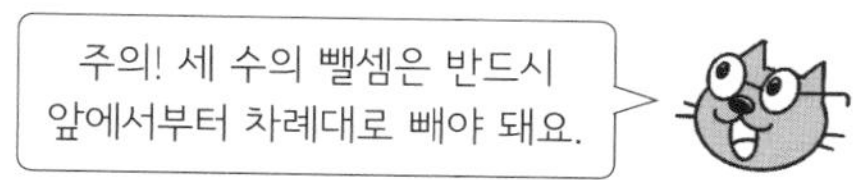

주의! 세 수의 뺄셈은 반드시
앞에서부터 차례대로 빼야 돼요.

1
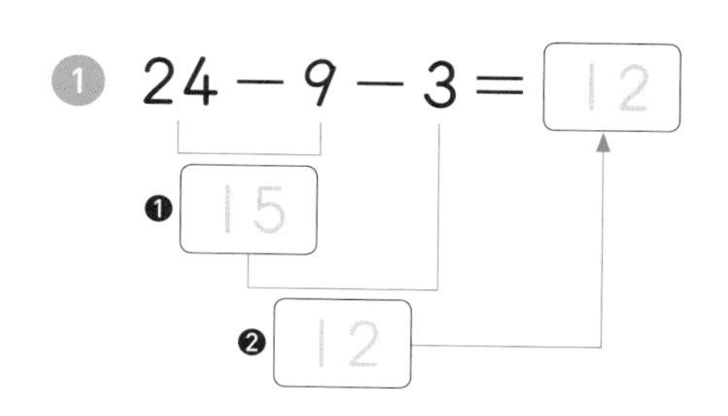

2 $31 - 16 - 7 = \square$

3
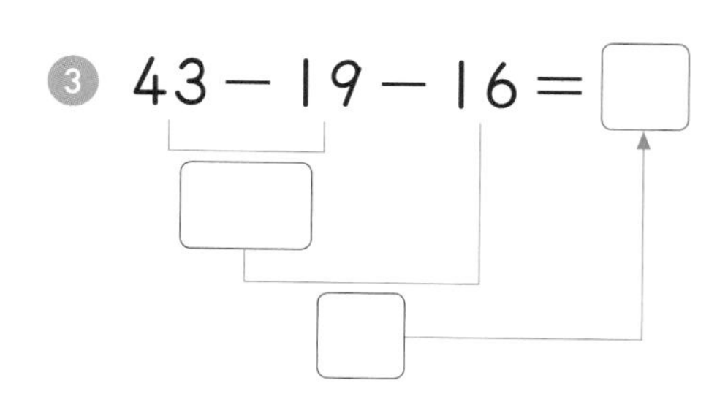

4 $51 - 15 - 27 = \square$

5
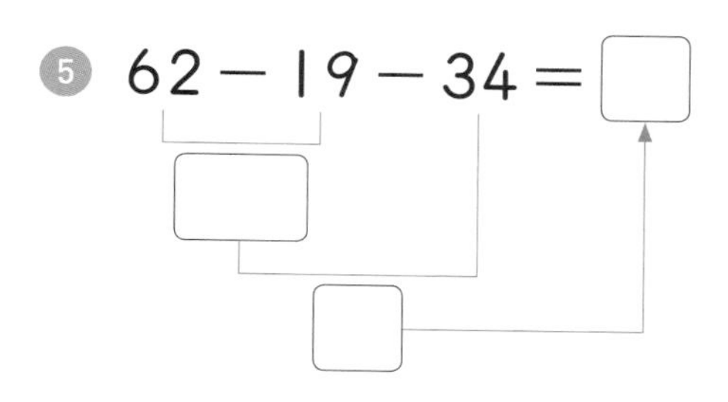

6
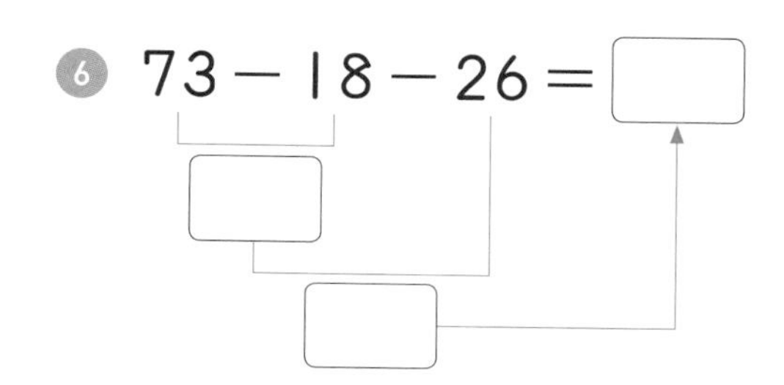

7 $82 - 28 - 17 = \square$

8 $90 - 37 - 15 = \square$

집중 시간 3분

계산을 하세요.

꼭 기억하세요! 세 수의 뺄셈은 반드시 앞에서부터 두 수씩 뺀다는 것!

❶ $34 - 16 - 9 =$

❺ $46 - 19 - 19 =$

❷ $38 - 19 - 7 =$

❻ $60 - 8 - 14 =$

❸ $41 - 26 - 8 =$

❼ $83 - 26 - 18 =$

❹ $53 - 17 - 19 =$

❽ $91 - 48 - 14 =$

45 덧셈과 뺄셈이 섞여 있어도 반드시 앞에서부터!

※ □ 안에 알맞은 수를 써넣으세요.

❶ 17 + 7 − 19 = □

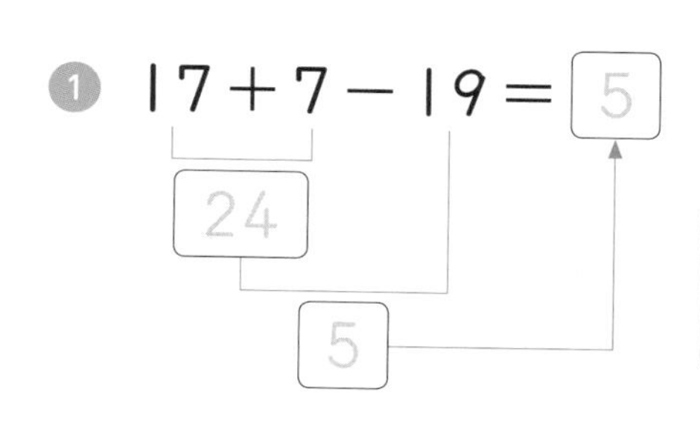

덧셈과 뺄셈이 섞여 있으면
반드시 앞에서부터
계산하세요~

❺ 23 − 6 + 8 = □

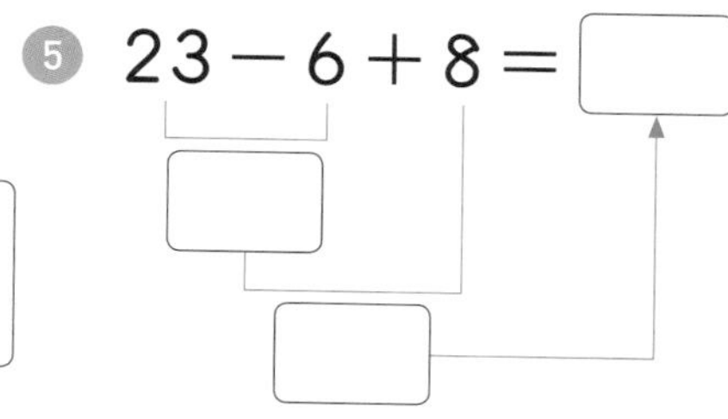

❷ 29 + 12 − 13 = □

❻ 36 − 18 + 24 = □

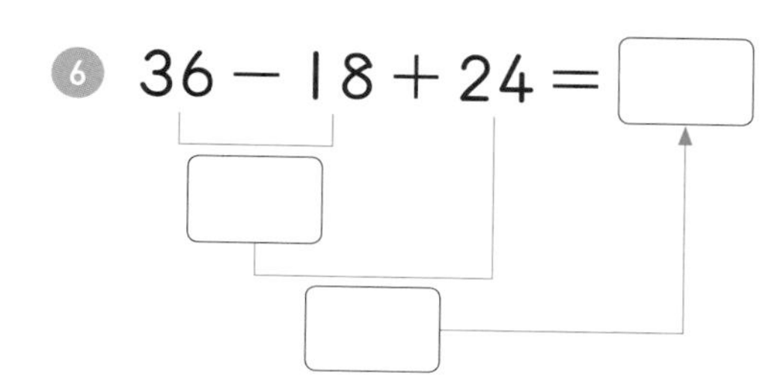

❸ 36 + 15 − 21 = □

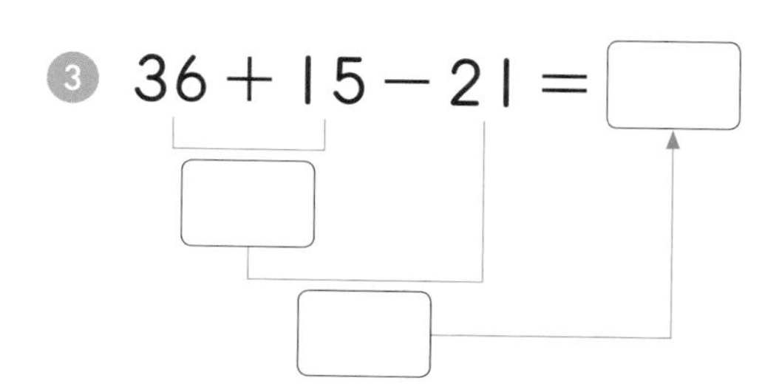

❼ 43 − 26 + 16 = □

❹ 45 + 18 − 19 = □

❽ 51 − 26 + 38 = □

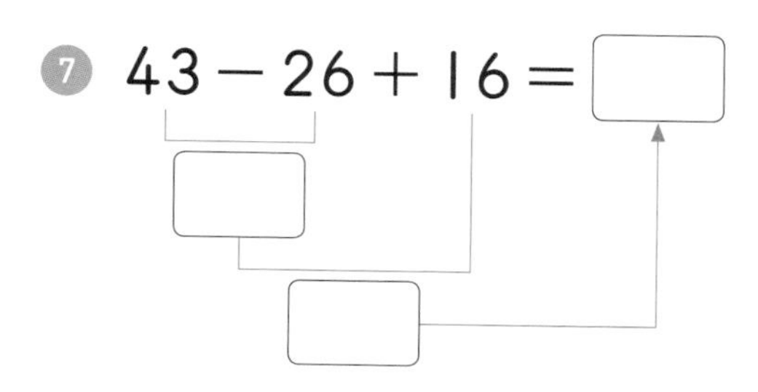

집중 시간 3분

계산을 하세요.

1. $25+17-4=$

2. $33+8-16=$

3. $41+26-9=$

4. $57+9-27=$

5. $36-8+7=$

6. $42-8+18=$

7. $54-6+27=$

8. $64-16+35=$

46 세 수의 계산 집중 연습

집중 시간 3분

계산을 하세요.

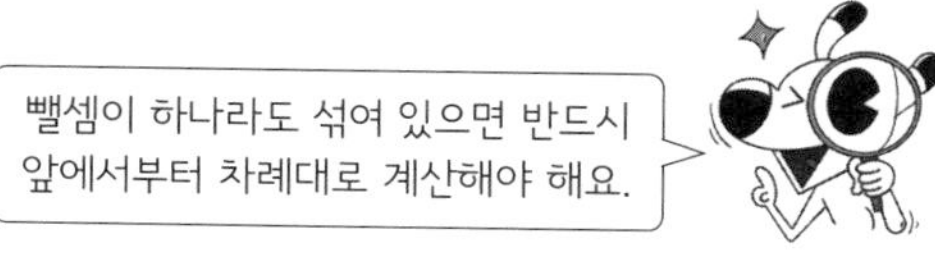

뺄셈이 하나라도 섞여 있으면 반드시
앞에서부터 차례대로 계산해야 해요.

① $23+16+15=$

② $34+18+29=$

③ $51+17+23=$

④ $43-18-7=$

⑤ $54-16-29=$

⑥ $62-35-16=$

⑦ $37+33-21=$

⑧ $46+25-39=$

⑨ $35-16+19=$

⑩ $57-18+25=$

계산을 하세요.

① $29+23+18=$

② $36+28+17=$

③ $61-16-37=$

④ $52-27-16=$

⑤ $27+33-15=$

⑥ $52-15+38=$

⑦ $84-48-19=$

⑧ $95-39-27=$

⑨ $73-35+26=$

⑩ $92-68+58=$

47 덧셈과 뺄셈은 아주 친한 관계!

그림을 보고 □ 안에 알맞은 수를 써넣으세요.

1

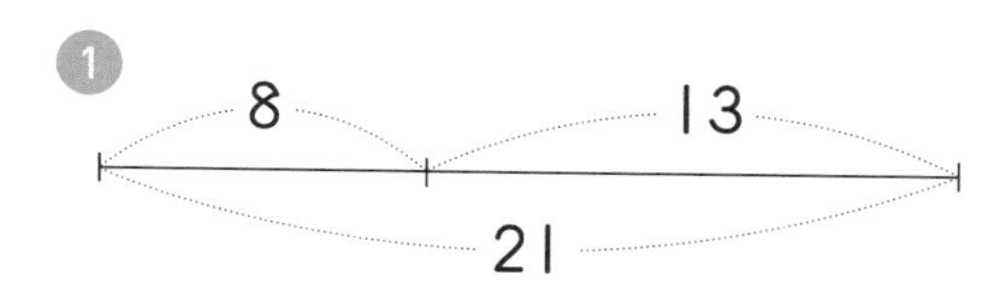

$8+13=21$ → $21-8=13$, $21-$ [13] $=8$

덧셈식은 뺄셈식 2개로 나타낼 수 있어요.

2

16, 29, 45

$16+29=45$ → $45-$ □ $=29$, $45-29=$ □

3

28, 24, 52

$28+24=52$ → $52-$ □ $=24$, $52-$ □ $=28$

4

34, 36, 70

$34+36=70$ → $70-$ □ $=36$, □ $-36=$ □

5

59, 25, 84

$59+25=84$ → □ $-59=25$, □ $-$ □ $=59$

그림을 보고 □ 안에 알맞은 수를 써넣으세요.

❶

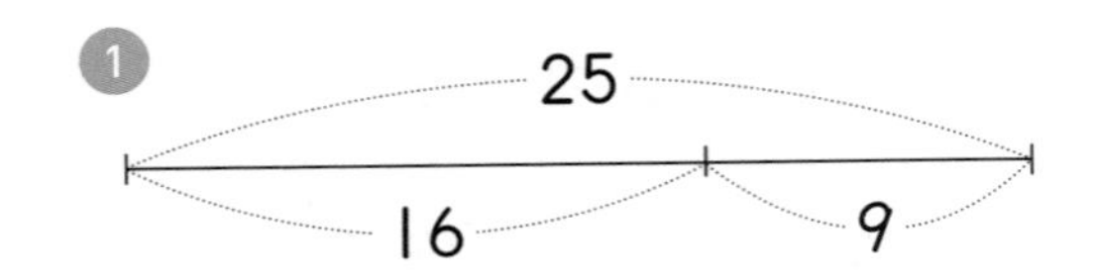

$25-9=16$ → $16+9=25$, $9+\square=25$

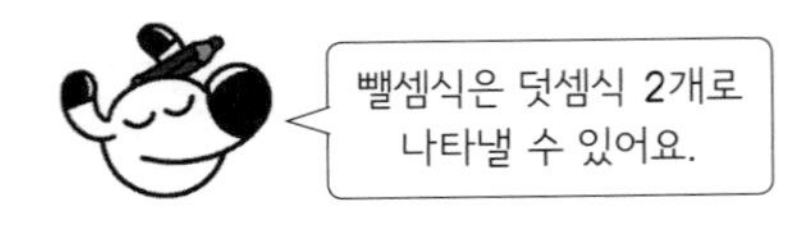

❷ 41 / 27, 14

$41-14=27$ → $27+14=41$, $\square+27=\square$

❸ 83 / 36, 47

$83-47=36$ → $\square+47=83$, $47+\square=83$

❹ 76 / 28, 48

$76-48=28$ → $28+\square=76$, $\square+28=76$

❺ 92 / 29, 63

$92-63=29$ → $29+\square=92$, $\square+\square=92$

48 뺄셈식으로 나타내면 가장 큰 수가 맨 앞으로!

덧셈을 하고, 2개의 뺄셈식으로 나타내어 보세요.

❶ 11 + 9 = (20)

- (20) − [11] = 9
- (20) − [9] = 11

가장 큰 수에 ○표 해 보세요. 가장 큰 수에서 작은 두 수 중 하나를 빼는 2개의 뺄셈식으로 나타낼 수 있어요.

❷ 25 + 6 = 31

- 31 − □ = 6
- 31 − □ = 25

❸ 33 + 19 = 52

- 52 − 33 = □
- □ − 19 = 33

❹ 42 + 18 = 60

- 60 − 42 = □
- □ − 18 = 42

❺ 27 + 16 = □

- □ − 27 = 16
- 43 − 16 = □

❻ 46 + 28 = □

- □ − 46 = 28
- 74 − □ = □

❼ 54 + 37 = □

- 91 − [54] = □
- □ − □ = □

❽ 68 + 14 = □

- 82 − [68] = □
- □ − □ = □

덧셈을 하고, 2개의 뺄셈식으로 나타내어 보세요.

1 + 2 = 3
3 − 1 = 2
3 − 2 = 1
헷갈리면 작은 수로 바꿔 봐요. 아주 쉬워지죠?

❶ $24 + 8 = \square$
- $32 - 24 = \square$
- $32 - 8 = \square$

❷ $38 + 13 = \square$
- $51 - 38 = \square$
- $51 - \square = \square$

❸ $44 + 36 = \square$
- $80 - 44 = \square$
- $80 - \square = \square$

❹ $56 + 27 = \square$
- $83 - 56 = \square$
- $83 - \square = \square$

❺ $48 + 15 = \square$
- $\square - 48 = \square$
- $\square - 15 = \square$

❻ $62 + 19 = \square$
- $\square - 62 = \square$
- $\square - \square = \square$

❼ $59 + 23 = \square$
- $\square - \square = 23$
- $\square - \square = \square$

앗! 실수

❽ $76 + 18 = \square$
- $\square - \square = 18$
- $\square - \square = \square$

49 작은 두 수를 합하니 큰 수가 됐잖아!

빨셈을 하고, 2개의 덧셈식으로 나타내어 보세요.

❶ $20 - 6 = 14$

$14 + \boxed{6} = 20$

$6 + \boxed{14} = 20$

먼저 가장 큰 수에 ○표 하고 풀어 보세요.
작은 두 수를 합해야 큰 수가 나오겠죠?

❷ $24 - 17 = 7$

$7 + \square = 24$

$17 + \square = 24$

❸ $44 - 26 = 18$

$\square + 26 = 44$

$26 + \square = 44$

❹ $62 - 39 = 23$

$\square + 39 = 62$

$39 + \square = 62$

❺ $41 - 14 = \square$

$27 + \square = 41$

$\square + 27 = 41$

❻ $50 - 28 = \square$

$22 + \square = 50$

$\square + \square = 50$

❼ $76 - 47 = \square$

$29 + \square = 76$

$\square + \square = \square$

❽ $85 - 37 = \square$

$48 + \square = \square$

$\square + \square = \square$

뺄셈을 하고, 2개의 덧셈식으로 나타내어 보세요.

3 − 2 = 1
1 + 2 = 3
2 + 1 = 3
헷갈리면 작은 수로 바꿔 봐요. 아주 쉬웠지요?

① 22 − 8 = ☐
- 14 + 8 = 22
- 8 + ☐ = 22

② 43 − 17 = ☐
- 26 + ☐ = 43
- ☐ + ☐ = 43

③ 54 − 36 = ☐
- ☐ + 36 = 54
- ☐ + ☐ = 54

④ 71 − 37 = ☐
- ☐ + 37 = 71
- ☐ + ☐ = 71

⑤ 35 − 19 = ☐
- ☐ + 19 = ☐
- 19 + ☐ = ☐

⑥ 62 − 24 = ☐
- ☐ + 24 = ☐
- ☐ + ☐ = ☐

⑦ 83 − 47 = ☐
- ☐ + 47 = 83
- ☐ + ☐ = ☐

앗! 실수

⑧ 92 − 68 = ☐
- ☐ + 68 = ☐
- ☐ + ☐ = ☐

50 덧셈식을 뺄셈식으로 바꾸어 답 구하기

덧셈과 뺄셈의 관계를 이용하여 □ 안에 알맞은 수를 써넣으세요.

* 덧셈과 뺄셈의 관계를 이용해 구하기 쉬운 값을 먼저 구해요!

10, □, 32

가장 큰 수

$10 + \boxed{22} = 32$

가장 큰 수

➡ $32 - 10 = \boxed{22}$

❶ $7 + \square = 20$

➡ $20 - 7 = \boxed{13}$

❷ $16 + \square = 23$

➡ $23 - 16 = \square$

❸ $28 + \square = 44$

➡ $44 - 28 = \square$

❹ $27 + \square = 65$

➡ $65 - 27 = \square$

❺ $34 + \square = 73$

➡ $73 - 34 = \square$

❻ $\square + 26 = 71$

➡ $\boxed{71} - 26 = \square$

❼ $\square + 38 = 53$

➡ $\square - 38 = \square$

❽ $\square + 27 = 64$

➡ $\square - 27 = \square$

덧셈과 뺄셈의 관계를 이용하여 □ 안에 알맞은 수를 써넣으세요.

① 6 + □ = 30 (가장 큰 수)
➡ 30 − 6 = □

가장 큰 수에서 작은 두 수 중 하나를 빼면 남은 수가 돼요.

② 18 + □ = 24
➡ □ − 18 = □

③ 22 + □ = 31
➡ □ − 22 = □

④ 39 + □ = 53
➡ □ − 39 = □

⑤ 29 + □ = 45
➡ □ − 29 = □

⑥ □ + 17 = 26
➡ □ − 17 = □

⑦ □ + 14 = 32
➡ □ − 14 = □

⑧ □ + 26 = 44
➡ □ − 26 = □

⑨ □ + 29 = 68
➡ □ − 29 = □

⑩ □ + 37 = 71
➡ □ − 37 = □

덧셈식에서 □의 값 구하기

※ □ 안에 알맞은 수를 써넣으세요.

① 15 + □ = 20 ◁ 가장 큰 수

20이 가장 큰 수이니까
20에서 15를 빼면 돼요.

* 부분과 부분을 더하면 전체,
전체에서 부분을 빼면 부분이에요.

가장 큰 수 가장 큰 수

② 17 + □ = 34

⑥ □ + 16 = 33

③ 26 + □ = 52

⑦ □ + 35 = 41

④ 34 + □ = 61

⑧ □ + 27 = 56

⑤ 46 + □ = 74

⑨ □ + 39 = 85

□ 안에 알맞은 수를 써넣으세요.

① $27+\square=41$

② $18+\square=53$

③ $44+\square=70$

④ $\square+24=82$

⑤ $\square+37=65$

⑥ $37+\square=68$

⑦ $46+\square=85$

⑧ $\square+47=74$

⑨ $\square+57=92$

⑩ $\square+34=72$

52 덧셈식이나 다른 뺄셈식으로 나타내어 답 구하기

덧셈과 뺄셈의 관계를 이용하여 □ 안에 알맞은 수를 써넣으세요.

① [22] − 8 = 14

(14, 8, □)

➡ 14 + 8 = [22]

작은 두 수의 합은 / 가장 큰 수

② □ − 16 = 19

➡ 19 + 16 = □

③ □ − 23 = 28

➡ □ + 23 = □

④ □ − 39 = 25

➡ □ + 39 = □

⑤ □ − 48 = 25

➡ □ + 48 = □

⑥ 23 − □ = 8

➡ 23 − 8 = □

⑦ 25 − □ = 17

➡ 25 − 17 = □

⑧ 34 − □ = 16

➡ □ − 16 = □

⑨ 46 − □ = 27

➡ □ − 27 = □

⑩ 51 − □ = 37

➡ □ − 37 = □

※ □ 안에 알맞은 수를 써넣으세요.

① □ − 5 = 12
➡ 12 + 5 = □

② □ − 18 = 34
➡ □ + 18 = □

③ □ − 29 = 46
➡ □ + 29 = □

④ □ − 36 = 35
➡ □ + 36 = □

⑤ □ − 44 = 18
➡ □ + 44 = □

⑥ 21 − □ = 17
➡ 21 − 17 = □

⑦ 34 − □ = 16
➡ □ − 16 = □

⑧ 42 − □ = 27
➡ □ − 27 = □

⑨ 53 − □ = 37
➡ □ − 37 = □

⑩ 64 − □ = 45
➡ □ − 45 = □

53 뺄셈식에서 □의 값 구하기

집중 시간 2분

□ 안에 알맞은 수를 써넣으세요.

뺄셈식에서도 쪼개진 사과를 생각해 봐요!

* 전체 에서 부분을 빼면 부분,
부분과 부분을 더하면 전체 예요.

가장 큰 수

가장 큰 수

❶ □ $-$ 6 $=$ 17

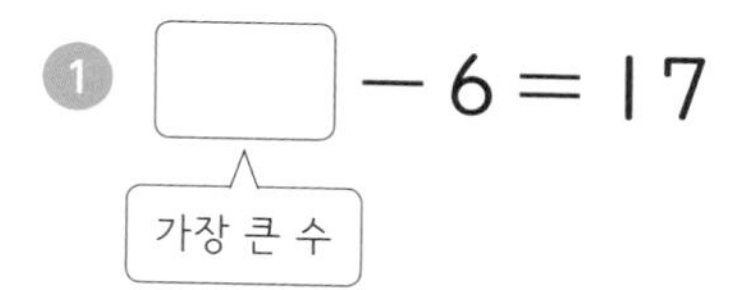

❷ □ $-$ 13 $=$ 28

❸ □ $-$ 25 $=$ 39

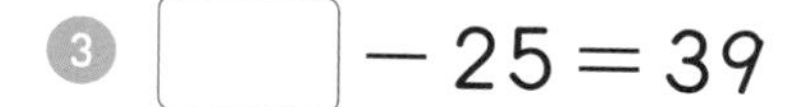

❹ □ $-$ 36 $=$ 57

❺ □ $-$ 53 $=$ 16

❻ 38 $-$ □ $=$ 9

38이 가장 큰 수이니까
□는 38에서 9를 뺀 수예요.

❼ 36 $-$ □ $=$ 17

❽ 41 $-$ □ $=$ 33

❾ 52 $-$ □ $=$ 35

※ □ 안에 알맞은 수를 써넣으세요.

① $41 - \square = 27$

⑥ $72 - \square = 39$

② $52 - \square = 18$

⑦ $61 - \square = 34$

③ $80 - \square = 44$

⑧ $\square - 38 = 48$

④ $\square - 57 = 26$

⑨ $\square - 26 = 68$

⑤ $\square - 28 = 37$

⑩ $\square - 34 = 51$

54 생활 속 연산 — 세 수의 계산, 덧셈과 뺄셈의 관계

□ 안에 알맞은 수를 써넣으세요.

1

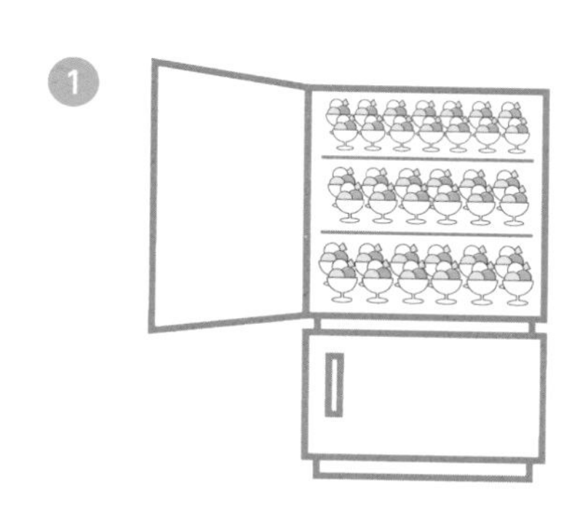

38－19＋□＝□

아이스크림 38개 중 19개를 먹은 다음, 5개를 더 사서 넣었더니 □개가 되었습니다.

2

민수네 반 학생은 남학생 17명과 여학생 □명을 합해 모두 33명입니다.

3

□명이 타고 있던 스쿨버스에서 8명이 내리면 13명이 남습니다.

4

초콜릿 42개 중에서 □개를 동생에게 주었더니 27개가 남았습니다.

※ 곰과 펭귄이 가져온 물고기의 수를 각각 구하고, 더 많이 가져온 동물에 ○를 하세요.

※ 두 펭귄이 먹은 새우의 수를 각각 구하고, 더 많이 먹은 동물에 ○를 하세요.

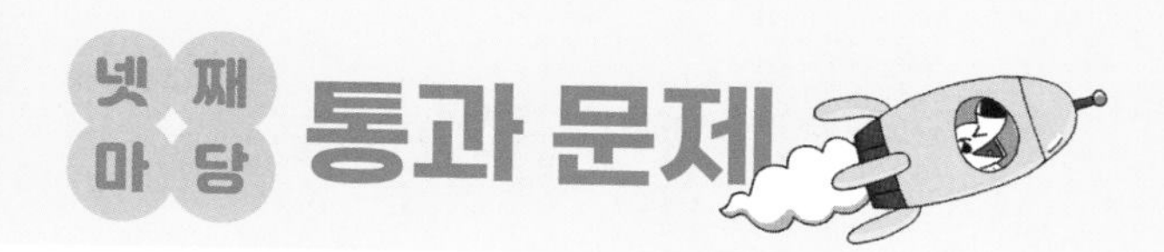

*틀린 문제는 꼭 다시 확인하고 넘어가요!

□ 안에 알맞은 수를 써넣으세요.

① $32+19+27=$ □

② $91-38-37=$ □

③ $54+13-29=$ □

④ $57-28+33=$ □

⑤ $27+15=42$

- $42-$ □ $=15$
- $42-$ □ $=27$

⑥ $52-19=33$

- $33+$ □ $=52$
- □ $+33=52$

⑦ $9+$ □ $=30$

➡ □ $-9=$ □

⑧ $87-$ □ $=39$

➡ □ $-39=$ □

⑨ $63-$ □ $=29$

➡ □ $-29=$ □

⑩ $23-$ □ $=8$

⑪ □ $-42=28$

⑫ 사탕 50개 중에서 □개를 먹었더니 27개가 남았습니다.

⑬ 귤 60개 중 경호가 12개, 현주가 9개를 먹었더니 귤은 □개가 남았습니다.

55

56

57

58

다섯째 마당

곱셈

교과서 6. 곱셈

59

60

바빠 개념 쏙쏙!

☆ 곱셈식 알아보기

  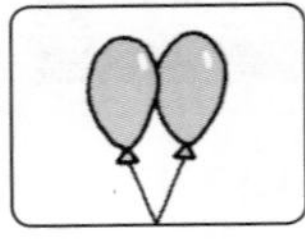

- 2+2+2는 2×3과 같습니다.
- 2×3=6은 2 곱하기 3은 6과 같습니다라고 읽습니다.
- 덧셈식 2+2+2=6 ➡ 곱셈식 2×3=6 (3번)

풍선 한 묶음이 2개씩인데, 3묶음이 있어요~
곱셈식으로 나타내면 2×3

2씩 3묶음 ➡ 2+2+2 (3번) ➡ 2의 3배

➡ 2×3

잠깐! 퀴즈 4+4+4=12를 곱셈식으로 바르게 나타낸 것은?

① 4×4×4=12　　② 4×3=12

(답) ②

55 하나씩 세는 것보다 묶어 세는 게 편해!

그림을 보고 □ 안에 알맞은 수를 써넣으세요.

한 묶음이 2씩인데 세 묶음이 있어요.

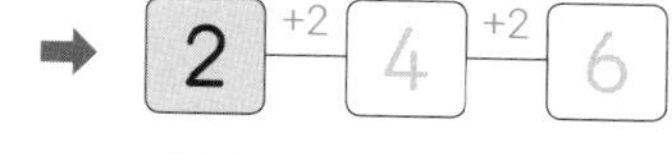

➡ 6

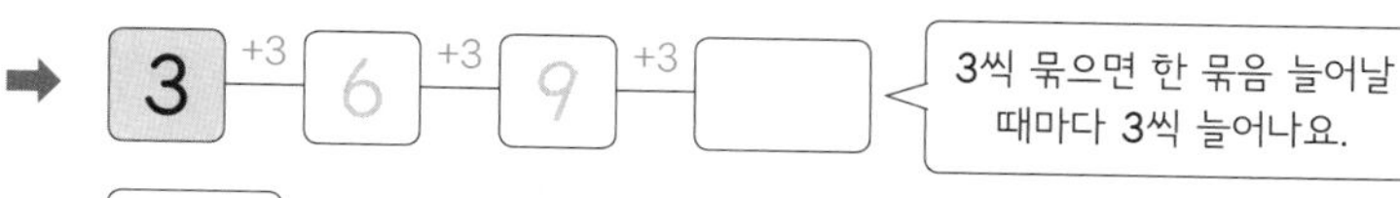

3씩 묶으면 한 묶음 늘어날 때마다 3씩 늘어나요.

➡ □

➡ □

④

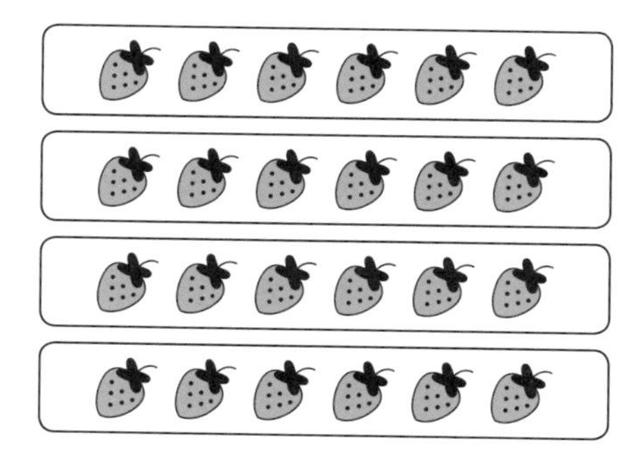

6씩 □ 묶음

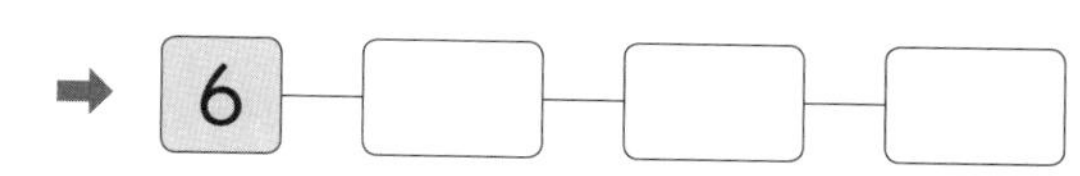

➡ □

⑤

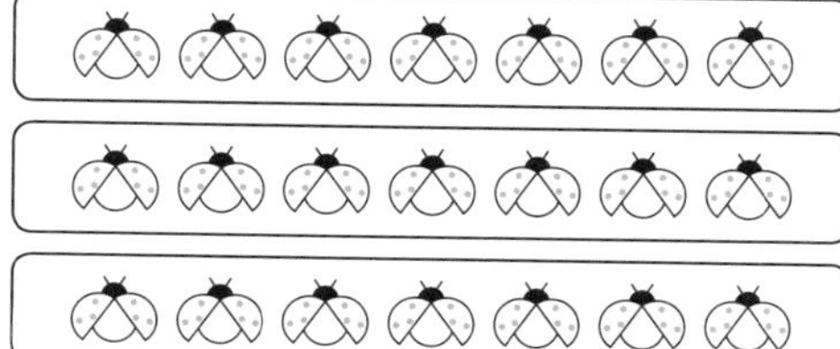

7씩 □ 묶음

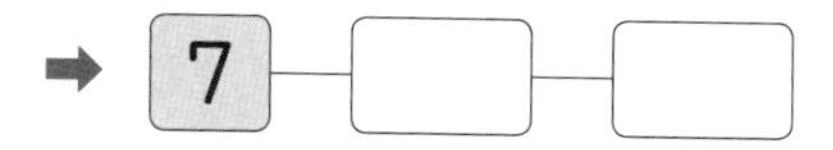

➡ □

집중 시간 2분

※ 그림을 보고 □ 안에 알맞은 수를 써넣으세요.

1
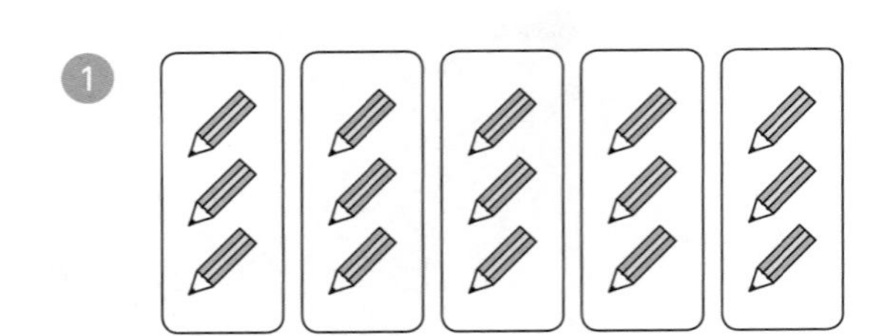

3씩 5 묶음

➡ 3 + 3 + 3 + 3 + 3 = □

5번

2

4씩 □ 묶음

➡ 4 + □ + □ + □ = □

3
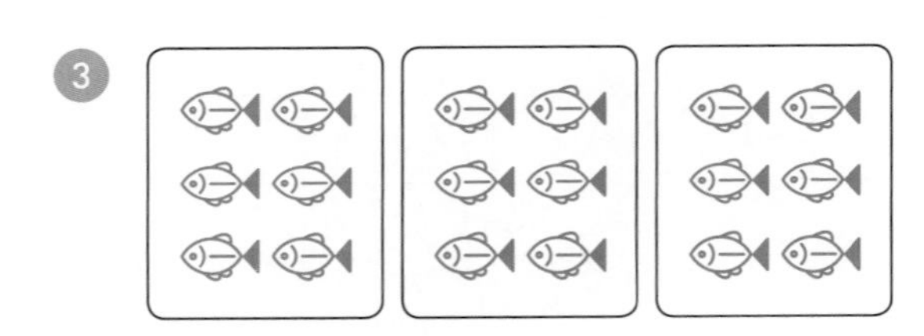

6씩 □ 묶음

➡ 6 + □ + □ = □

4
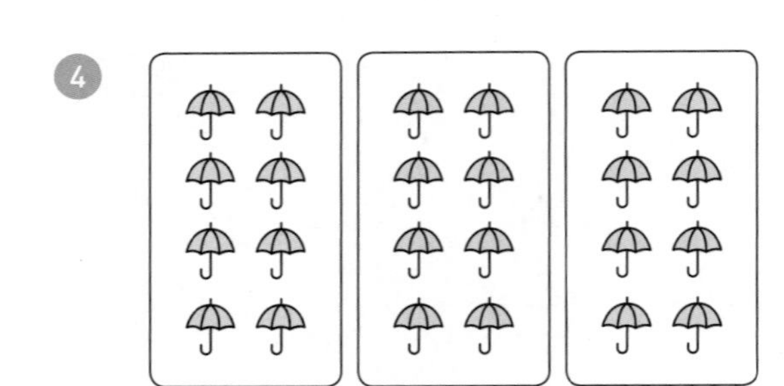

8씩 □ 묶음

➡ □ + □ + □ = □

5

9씩 □ 묶음

➡ □ + □ + □ + □ = □

여러 번 더한 식을 간단히 나타내기

그림을 보고 □ 안에 알맞은 수를 써넣으세요.

❶

$2+2+2=$ [6] ➡ $2\times$ [3] $=$ [6]

3번

몇 번 더했는지 세어 봐요.
같은 수를 3번 더한 건 ×3과 같아요.

❷

$2+2+2+2=$ □ ➡ $2\times$ □ $=$ □

❸

$2+2+2+2+2=$ □ ➡ $2\times$ □ $=$ □

(2 + 2 + 2 + 2 = 8)

❹

$3+3+3+3=$ □ ➡ $3\times$ □ $=$ □

❺

$3+3+3+3+3=$ □ ➡ $3\times$ □ $=$ □

(3 + 3 + 3 + 3 = 12)

❻

$3+3+3+3+3+3=$ □ ➡ $3\times$ □ $=$ □

(3 + 3 + 3 + 3 + 3 = 15)

그림을 보고 □ 안에 알맞은 수를 써넣으세요.

1

$4+4+4=$ [12] ➡ $4\times$ [3] $=$ [12]

2

$4+4+4+4+4=$ □ ➡ $4\times$ □ $=$ □

(12)

3

$4+4+4+4+4+4+4=$ □ ➡ $4\times$ □ $=$ □

(20)

4

$5+5+5+5=$ □ ➡ $5\times$ □ $=$ □

5

$5+5+5+5+5+5=$ □ ➡ $5\times$ □ $=$ □

(20)

6

$5+5+5+5+5+5+5+5=$ □ ➡ $5\times$ □ $=$ □

(30)

그림을 보고 덧셈식과 곱셈식으로 나타내기

※ 그림을 보고 □ 안에 알맞은 수를 써넣으세요.

❶ 

$6+6=$ [12] ➡ $6\times$ [2] $=$ [12]

(2번)

몇 번 더했는지 세어 봐요.
같은 수를 2번 더한 건 ×2와 같아요.

❷

$6+6+6=$ □ ➡ $6\times$ □ $=$ □

❸

$6+6+6+6=$ □ ➡ $6\times$ □ $=$ □

(18)

❹

$7+7+7=$ □ ➡ $7\times$ □ $=$ □

❺

$7+7+7+7=$ □ ➡ $7\times$ □ $=$ □

(21)

❻

$7+7+7+7+7=$ □ ➡ $7\times$ □ $=$ □

(28)

※ 그림을 보고 □ 안에 알맞은 수를 써넣으세요.

①

$8+8+8=$ [24] ➡ $8\times$ [3] $=$ [24]

(꽃잎의 수)

②

$8+8+8+8+8+8=$ □ ➡ $8\times$ □ $=$ □

(24)

③

$8+8+8+8+8+8+8+8=$ □ ➡ $8\times$ □ $=$ □

(48)

④

$9+9+9+9=$ □ ➡ $9\times$ □ $=$ □

⑤

$9+9+9+9+9+9=$ □ ➡ $9\times$ □ $=$ □

(36)

⑥

$9+9+9+9+9+9+9+9=$ □ ➡ $9\times$ □ $=$ □

(54)

덧셈식을 곱셈식으로 나타내기

□ 안에 알맞은 수를 써넣으세요.

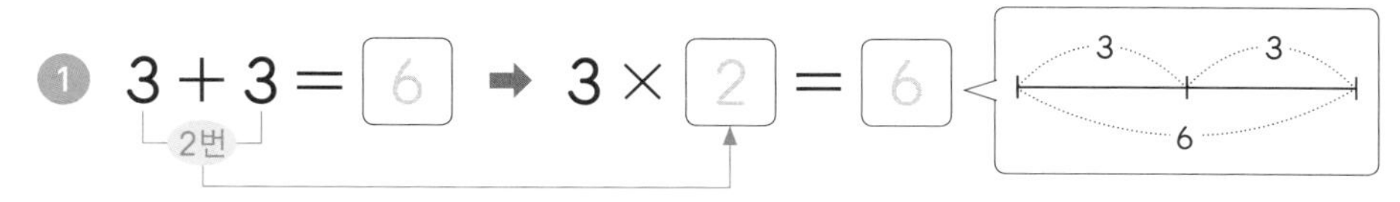

② $3+3+3=\square$ ➡ $3\times\square=\square$

3 3 3 / 9

③ $3+3+3+3=\square$ ➡ $3\times\square=\square$

④ $4+4+4=\square$ ➡ $4\times\square=\square$

⑤ $4+4+4+4=\square$ ➡ $4\times\square=\square$

⑥ $\underbrace{4+4+4+4}_{16}+4=\square$ ➡ $4\times\square=\square$

⑦ $5+5+5+5=\square$ ➡ $5\times\square=\square$

⑧ $\underbrace{5+5+5+5}_{20}+5=\square$ ➡ $5\times\square=\square$

⑨ $\underbrace{5+5+5+5+5}_{25}+5=\square$ ➡ $5\times\square=\square$

※ □ 안에 알맞은 수를 써넣으세요.

❶ $6+6+6=$ 18 ➡ $6\times$ 3 $=$ 18

3번

❷ $6+6+6+6=\square$ ➡ $6\times\square=\square$

더하는 수가 너무 많나요?
6을 5번 더한 값은 6을 4번 더한 값에 6을 더한 것과 같아요.

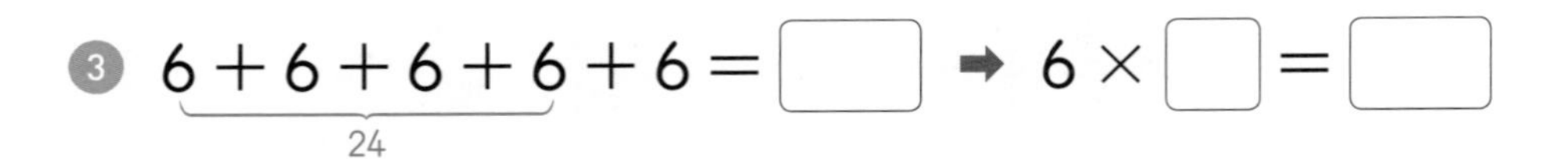

❸ $6+6+6+6+6=\square$ ➡ $6\times\square=\square$

24

❹ $7+7+7+7=\square$ ➡ $7\times\square=\square$

❺ $7+7+7+7+7=\square$ ➡ $7\times\square=\square$

❻ $7+7+7+7+7+7=\square$ ➡ $7\times\square=\square$

35

❼ $8+8+8+8+8=\square$ ➡ $8\times\square=\square$

❽ $8+8+8+8+8+8=\square$ ➡ $8\times\square=\square$

40

❾ $8+8+8+8+8+8+8=\square$ ➡ $8\times\square=\square$

48

59 덧셈식과 곱셈식으로 나타내기

빈칸에 알맞은 수나 식을 써넣으세요.

		덧셈식	곱셈식
❶	8의 3배	$8+8+8=$ 24	$8\times$ 3 $=$ 24
❷	7의 2배	$7+7=$ □	$7\times$ □ $=$ □
❸	6의 4배	$6+6+6+6=$ □	$6\times$ □ $=$ □
❹	4의 5배	$4+4+4+4+4=$ □	$4\times$ □ $=$ □

덧셈식을 직접 써 보세요! 곱셈식을 써 보세요!

		덧셈식	곱셈식
❺	5의 4배		
❻	3의 7배		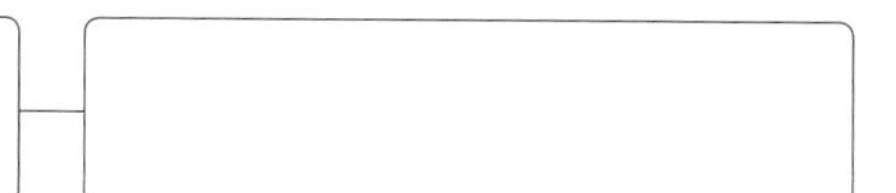
❼	9의 3배		

빈칸에 알맞은 수나 식을 써넣으세요.

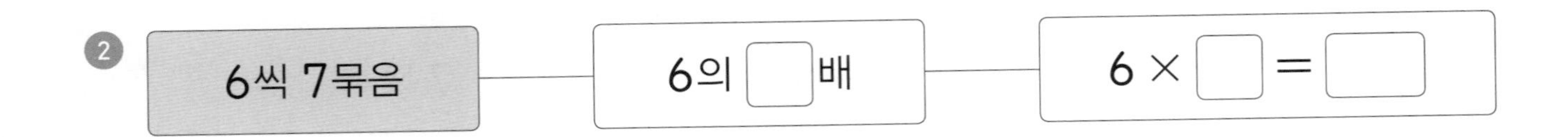

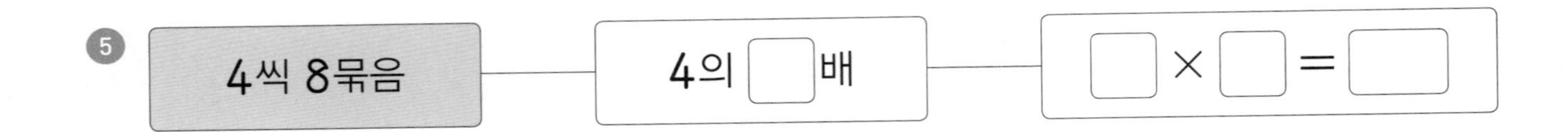

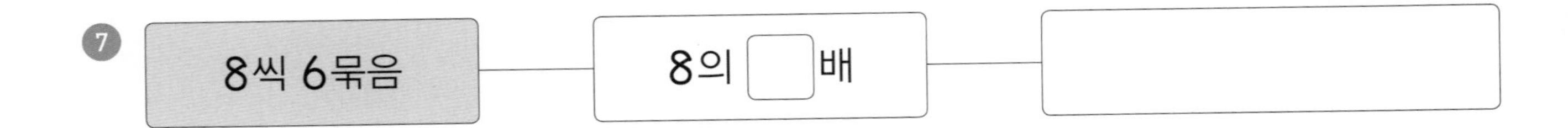

60 생활 속 연산 — 곱셈

그림을 보고 □ 안에 알맞은 수를 써넣으세요.

1

$3\times\square=\square$

세발자전거 5대의 바퀴는 모두 □ 개입니다.

2

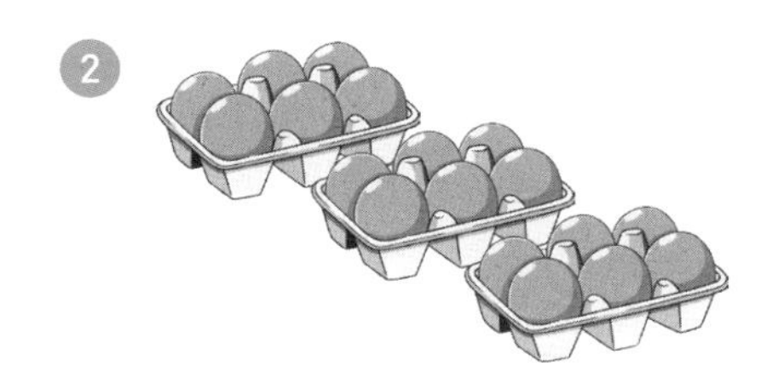

$6\times\square=\square$

6개씩 포장된 달걀 3묶음이 있습니다.

달걀은 모두 □ 개입니다.

3

$2\times\square=\square$

펭귄 다리는 2개이고 문어 다리는 펭귄 다리 수의 4배입니다. 문어 다리는 □ 개입니다.

4

$9\times\square=\square$

정수는 9살이고 이모의 나이는 정수의 나이의 3배 입니다. 이모의 나이는 □ 살입니다.

계산 결과에 알맞은 색으로 색칠해 보세요.

① 3의 8배	④ 5×3	⑦ 7의 6배
② 7×6	⑤ 6의 8배	⑧ 5의 3배
③ 5+5+5	⑥ 5씩 3묶음	⑨ 6×8

15: 연두색　24: 주황색　42: 노란색　48: 초록색

끝까지 풀다니!
정말 멋지다~

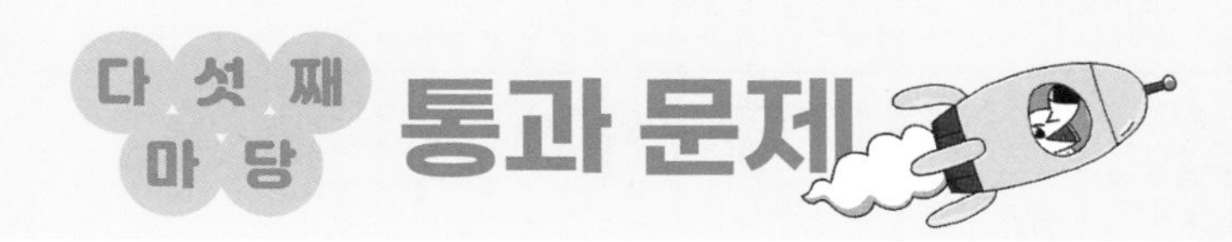

*틀린 문제는 꼭 다시 확인하고 넘어가요!

□ 안에 알맞은 수를 써넣으세요.

① 2씩 4묶음

➡ $2+2+2+2=$ □

➡ 2의 □배

② 8씩 3묶음

➡ $8+8+8=$ □

➡ 8의 □배

③ $2+2+2=$ □

➡ $2\times$ □ $=$ □

④ $3+3+3+3=$ □

➡ $3\times$ □ $=$ □

⑤ $6+6+6+6+6=$ □

➡ $6\times$ □ $=$ □

⑥ 4의 6배

➡ $4+4+4+4+4+4=$ □

➡ $4\times$ □ $=$ □

⑦ 9의 3배

➡ $9+9+9=$ □

➡ $9\times$ □ $=$ □

⑧ 7의 4배

➡ $7+7+7+7=$ □

➡ $7\times$ □ $=$ □

⑨ 5개씩 포장된 초콜렛 5봉지가 있습니다. 초콜렛은 모두 □개입니다.

⑩ 수호는 색종이를 9장 가지고 있고, 민주는 수호가 가지고 있는 색종이 수의 6배만큼 색종이를 가지고 있습니다. 민주가 가지고 있는 색종이는 □장입니다.

MEMO

초등 수학 공부, 이렇게 하면 효과적!

"펑펑 내려야 눈이 쌓이듯 공부도 집중해야 실력이 쌓인다!"

학교 다닐 때는? 학기별 연산책 '바빠 교과서 연산'

'바빠 교과서 연산'부터 시작하세요. 학기별 진도에 딱 맞춘 쉬운 연산 책이니까요! 방학 동안 다음 학기 선행을 준비할 때도 '바빠 교과서 연산'으로 시작하세요! 교과서 순서대로 빠르게 공부할 수 있어, 첫 번째 수학 책으로 추천합니다.

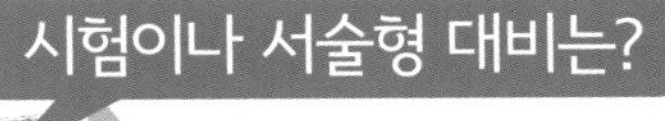

시험이나 서술형 대비는? '나 혼자 푼다 바빠 수학 문장제'

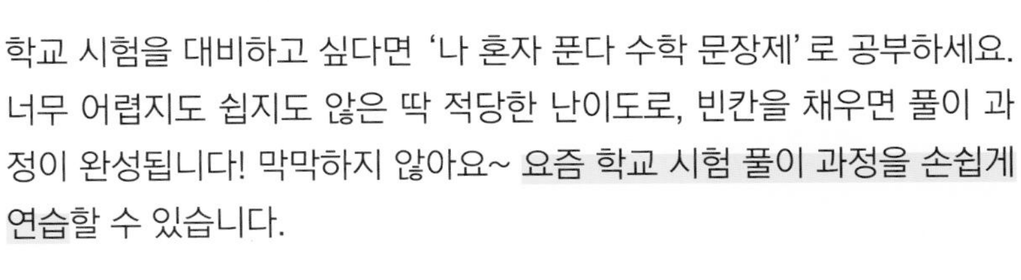

학교 시험을 대비하고 싶다면 '나 혼자 푼다 수학 문장제'로 공부하세요. 너무 어렵지도 쉽지도 않은 딱 적당한 난이도로, 빈칸을 채우면 풀이 과정이 완성됩니다! 막막하지 않아요~ 요즘 학교 시험 풀이 과정을 손쉽게 연습할 수 있습니다.

방학 때는? 10일 완성 영역별 연산책 '바빠 연산법'

내가 부족한 영역만 골라 보충할 수 있어요! 예를 들어 4학년인데 나눗셈이 어렵다면 나눗셈만, 분수가 어렵다면 분수만 골라 훈련하세요. 방학 때나 학습 결손이 생겼을 때, 취약한 연산 구멍을 빠르게 메꿀 수 있어요!

바빠 연산 영역 :
덧셈, 뺄셈, 구구단, 시계와 시간, 길이와 시간 계산, 곱셈, 나눗셈, 약수와 배수, 분수, 소수, 자연수의 혼합 계산, 분수와 소수의 혼합 계산, 평면도형 계산, 입체도형 계산, 비와 비례, 방정식, 확률과 통계

이번 학기 공부 습관을 만드는 첫 연산 책!

새 교육과정 반영

바빠 교과서 연산 2-1

바쁜 친구들이 즐거워지는 빠른 학습법

정답 및 풀이

이지스에듀

이번 학기
공부 습관을 만드는
첫 연산 책!

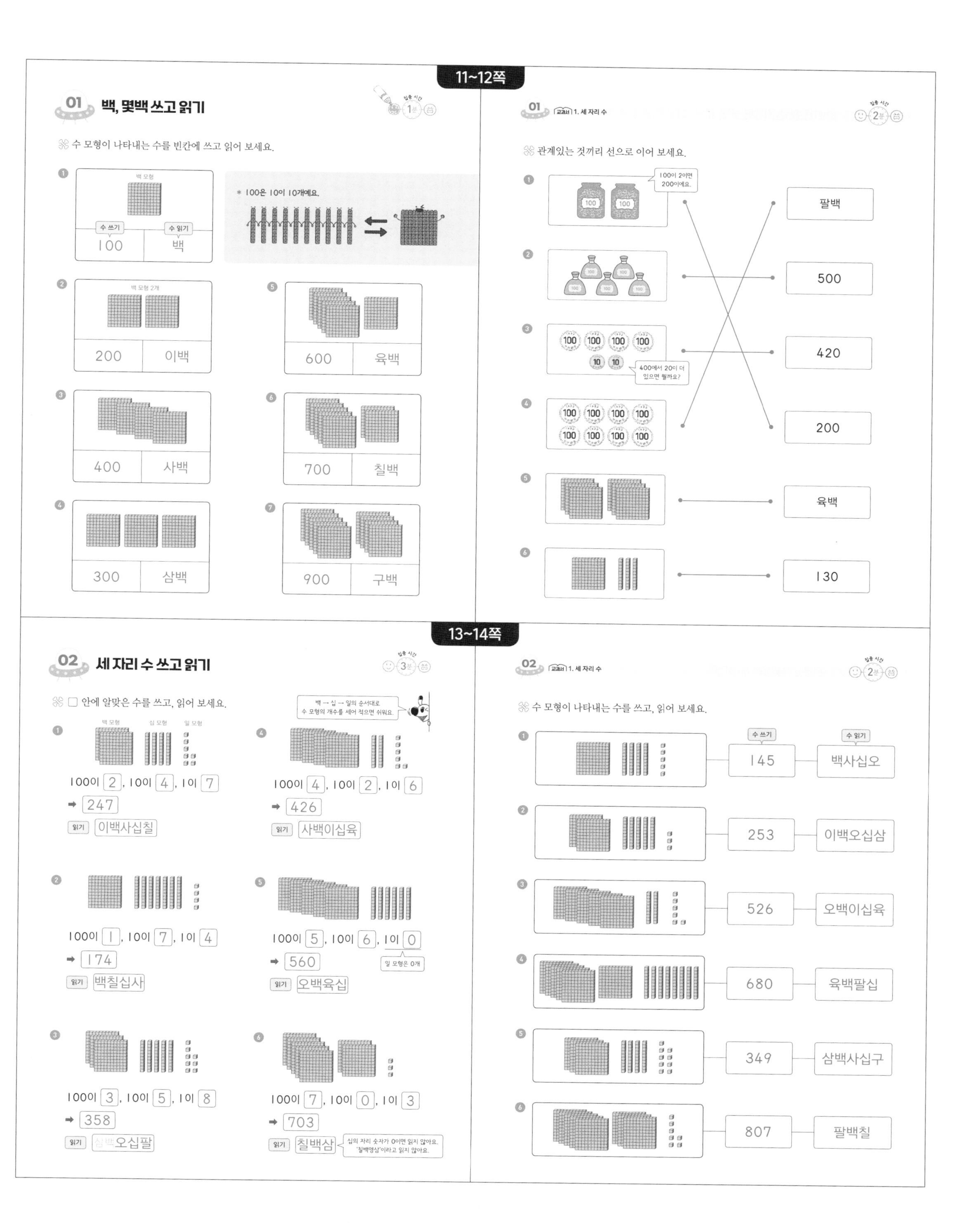

11~12쪽

01 백, 몇백 쓰고 읽기

집중 시간 1분

※ 수 모형이 나타내는 수를 빈칸에 쓰고 읽어 보세요.

* 100은 10이 10개예요.

번호	수 쓰기	수 읽기
1 (백 모형)	100	백
2 (백 모형 2개)	200	이백
3	400	사백
4	300	삼백
5	600	육백
6	700	칠백
7	900	구백

01 교과서 1. 세 자리 수

집중 시간 2분

※ 관계있는 것끼리 선으로 이어 보세요.

1. 100이 2이면 200이에요. — 200
2. — 500
3. 400에서 20이 더 있으면 뭘까요? — 420
4. — 팔백
5. — 육백
6. — 130

13~14쪽

02 세 자리 수 쓰고 읽기

집중 시간 3분

※ □ 안에 알맞은 수를 쓰고, 읽어 보세요.

백 → 십 → 일의 순서대로 수 모형의 개수를 세어 적으면 쉬워요.

1. 100이 2, 10이 4, 1이 7 → 247 읽기 이백사십칠
2. 100이 1, 10이 7, 1이 4 → 174 읽기 백칠십사
3. 100이 3, 10이 5, 1이 8 → 358 읽기 삼백오십팔
4. 100이 4, 10이 2, 1이 6 → 426 읽기 사백이십육
5. 100이 5, 10이 6, 1이 0 → 560 읽기 오백육십 (일 모형은 0개)
6. 100이 7, 10이 0, 1이 3 → 703 읽기 칠백삼 (십의 자리 숫자가 0이면 읽지 않아요. '칠백영삼'이라고 읽지 않아요.)

02 교과서 1. 세 자리 수

집중 시간 2분

※ 수 모형이 나타내는 수를 쓰고, 읽어 보세요.

번호	수 쓰기	수 읽기
1	145	백사십오
2	253	이백오십삼
3	526	오백이십육
4	680	육백팔십
5	349	삼백사십구
6	807	팔백칠

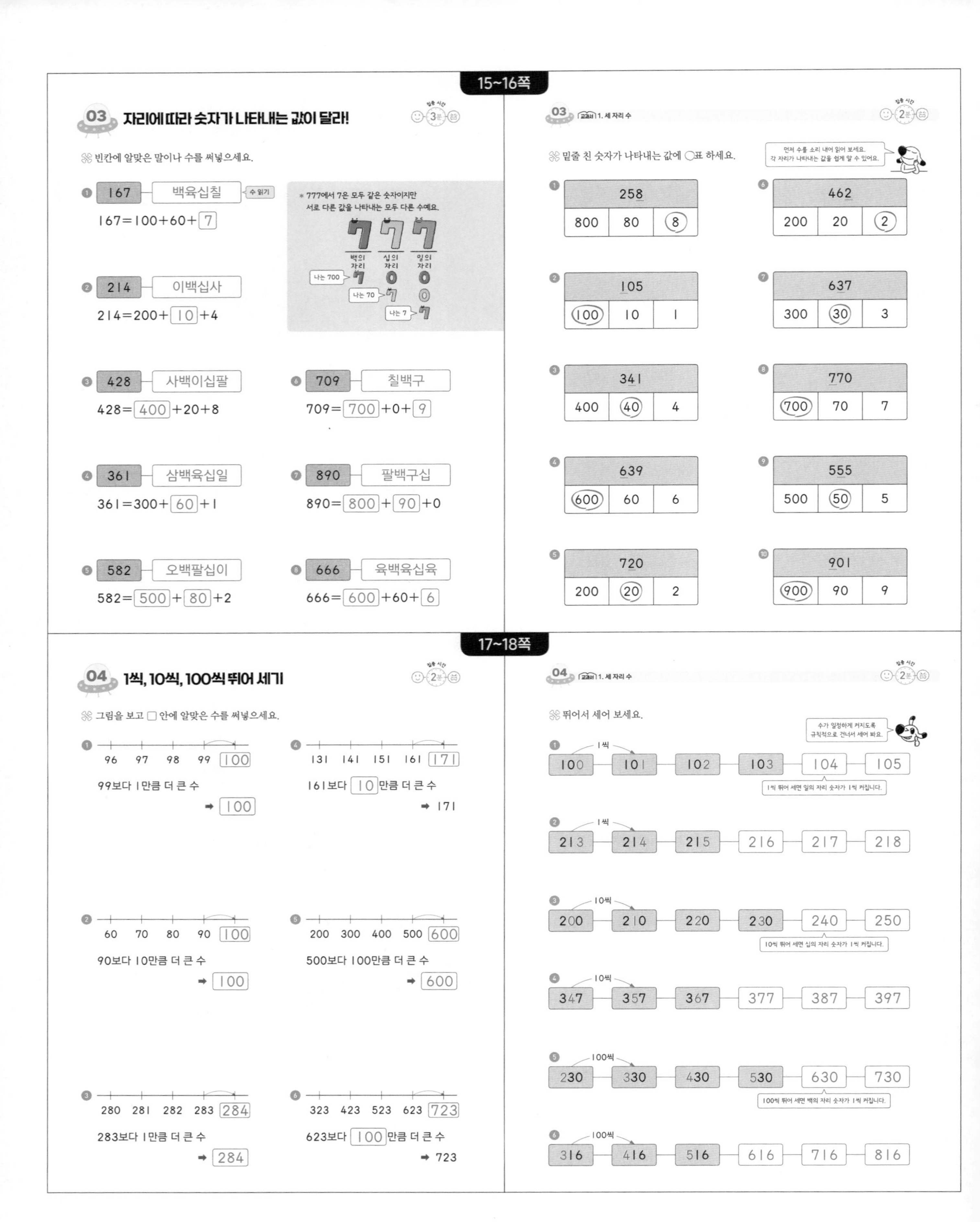

15~16쪽

03 자리에 따라 숫자가 나타내는 값이 달라!

집중 시간 3분

※ 빈칸에 알맞은 말이나 수를 써넣으세요.

❶ 167 — 백육십칠 (수 읽기)
167=100+60+7

❷ 214 — 이백십사
214=200+10+4

❸ 428 — 사백이십팔
428=400+20+8

❹ 361 — 삼백육십일
361=300+60+1

❺ 582 — 오백팔십이
582=500+80+2

* 777에서 7은 모두 같은 숫자이지만 서로 다른 값을 나타내는 모두 다른 수예요.

❻ 709 — 칠백구
709=700+0+9

❼ 890 — 팔백구십
890=800+90+0

❽ 666 — 육백육십육
666=600+60+6

03 교과서 1. 세 자리 수

집중 시간 2분

※ 밑줄 친 숫자가 나타내는 값에 ○표 하세요.

먼저 수를 소리 내어 읽어 보세요. 각 자리가 나타내는 값을 쉽게 알 수 있어요.

번호	수	백	십	일
❶	258	800	80	(8)
❷	105	(100)	10	1
❸	341	400	(40)	4
❹	639	(600)	60	6
❺	720	200	(20)	2
❻	462	200	20	(2)
❼	637	300	(30)	3
❽	770	(700)	70	7
❾	555	500	(50)	5
❿	901	(900)	90	9

17~18쪽

04 1씩, 10씩, 100씩 뛰어 세기

집중 시간 2분

※ 그림을 보고 □ 안에 알맞은 수를 써넣으세요.

❶ 96 97 98 99 100
99보다 1만큼 더 큰 수
➡ 100

❷ 60 70 80 90 100
90보다 10만큼 더 큰 수
➡ 100

❸ 280 281 282 283 284
283보다 1만큼 더 큰 수
➡ 284

❹ 131 141 151 161 171
161보다 10만큼 더 큰 수
➡ 171

❺ 200 300 400 500 600
500보다 100만큼 더 큰 수
➡ 600

❻ 323 423 523 623 723
623보다 100만큼 더 큰 수
➡ 723

04 교과서 1. 세 자리 수

집중 시간 2분

※ 뛰어서 세어 보세요.

수가 일정하게 커지도록 규칙적으로 건너서 세어 봐요.

❶ (1씩) 100 — 101 — 102 — 103 — 104 — 105
1씩 뛰어 세면 일의 자리 숫자가 1씩 커집니다.

❷ (1씩) 213 — 214 — 215 — 216 — 217 — 218

❸ (10씩) 200 — 210 — 220 — 230 — 240 — 250
10씩 뛰어 세면 십의 자리 숫자가 1씩 커집니다.

❹ (10씩) 347 — 357 — 367 — 377 — 387 — 397

❺ (100씩) 230 — 330 — 430 — 530 — 630 — 730
100씩 뛰어 세면 백의 자리 숫자가 1씩 커집니다.

❻ (100씩) 316 — 416 — 516 — 616 — 716 — 816

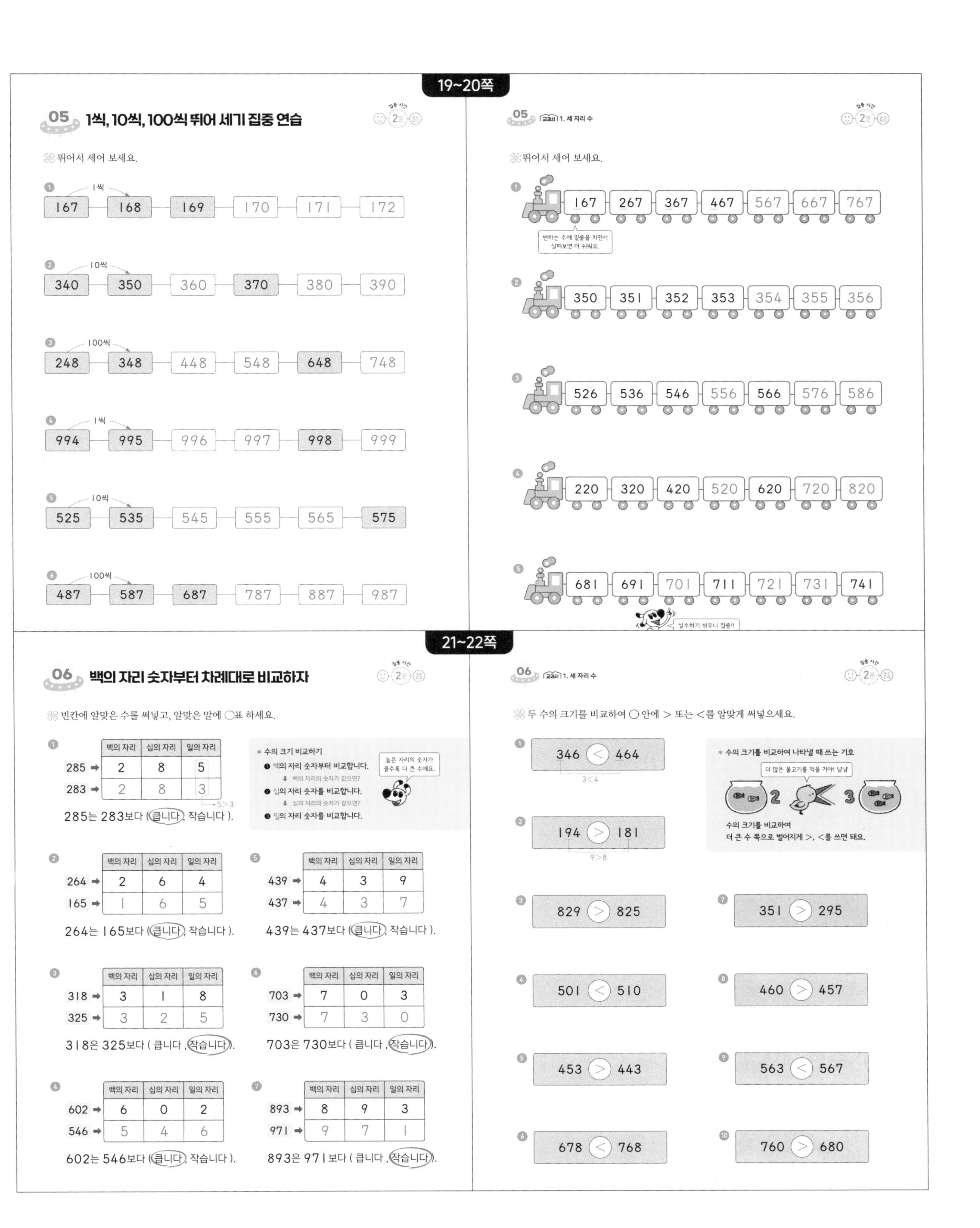

19~20쪽

05 1씩, 10씩, 100씩 뛰어 세기 집중 연습

집중 시간 2분

※ 뛰어서 세어 보세요.

❶ 1씩: 167 – 168 – 169 – 170 – 171 – 172

❷ 10씩: 340 – 350 – 360 – 370 – 380 – 390

❸ 100씩: 248 – 348 – 448 – 548 – 648 – 748

❹ 1씩: 994 – 995 – 996 – 997 – 998 – 999

❺ 10씩: 525 – 535 – 545 – 555 – 565 – 575

❻ 100씩: 487 – 587 – 687 – 787 – 887 – 987

05 교과서 1. 세 자리 수

집중 시간 2분

※ 뛰어서 세어 보세요.

❶ 167 – 267 – 367 – 467 – 567 – 667 – 767

변하는 수에 밑줄을 치면서 살펴보면 더 쉬워요.

❷ 350 – 351 – 352 – 353 – 354 – 355 – 356

❸ 526 – 536 – 546 – 556 – 566 – 576 – 586

❹ 220 – 320 – 420 – 520 – 620 – 720 – 820

❺ 681 – 691 – 701 – 711 – 721 – 731 – 741

실수하기 쉬우니 집중!!

21~22쪽

06 백의 자리 숫자부터 차례대로 비교하자

집중 시간 2분

※ 빈칸에 알맞은 수를 써넣고, 알맞은 말에 ◯표 하세요.

❶

	백의 자리	십의 자리	일의 자리
285 ➡	2	8	5
283 ➡	2	8	3

5>3

285는 283보다 (큽니다, 작습니다). — 큽니다에 ◯

* 수의 크기 비교하기
❶ 백의 자리 숫자부터 비교합니다.
↓ 백의 자리의 숫자가 같으면?
❷ 십의 자리 숫자를 비교합니다.
↓ 십의 자리의 숫자가 같으면?
❸ 일의 자리 숫자를 비교합니다.

높은 자리의 숫자가 클수록 더 큰 수예요.

❷

	백의 자리	십의 자리	일의 자리
264 ➡	2	6	4
165 ➡	1	6	5

264는 165보다 (큽니다, 작습니다). — 큽니다에 ◯

❸

	백의 자리	십의 자리	일의 자리
318 ➡	3	1	8
325 ➡	3	2	5

318은 325보다 (큽니다, 작습니다). — 작습니다에 ◯

❹

	백의 자리	십의 자리	일의 자리
602 ➡	6	0	2
546 ➡	5	4	6

602는 546보다 (큽니다, 작습니다). — 큽니다에 ◯

❺

	백의 자리	십의 자리	일의 자리
439 ➡	4	3	9
437 ➡	4	3	7

439는 437보다 (큽니다, 작습니다). — 큽니다에 ◯

❻

	백의 자리	십의 자리	일의 자리
703 ➡	7	0	3
730 ➡	7	3	0

703은 730보다 (큽니다, 작습니다). — 작습니다에 ◯

❼

	백의 자리	십의 자리	일의 자리
893 ➡	8	9	3
971 ➡	9	7	1

893은 971보다 (큽니다, 작습니다). — 작습니다에 ◯

06 교과서 1. 세 자리 수

집중 시간 2분

※ 두 수의 크기를 비교하여 ◯ 안에 > 또는 <를 알맞게 써넣으세요.

❶ 346 $<$ 464 (3<4)

❷ 194 $>$ 181 (9>8)

❸ 829 $>$ 825

❹ 501 $<$ 510

❺ 453 $>$ 443

❻ 678 $<$ 768

* 수의 크기를 비교하여 나타낼 때 쓰는 기호
더 많은 물고기를 먹을 거야! 냠냠
2 > 3 → 2 < 3
수의 크기를 비교하여 더 큰 수 쪽으로 벌어지게 >, <를 쓰면 돼요.

❼ 351 $>$ 295

❽ 460 $>$ 457

❾ 563 $<$ 567

❿ 760 $>$ 680

23~24쪽

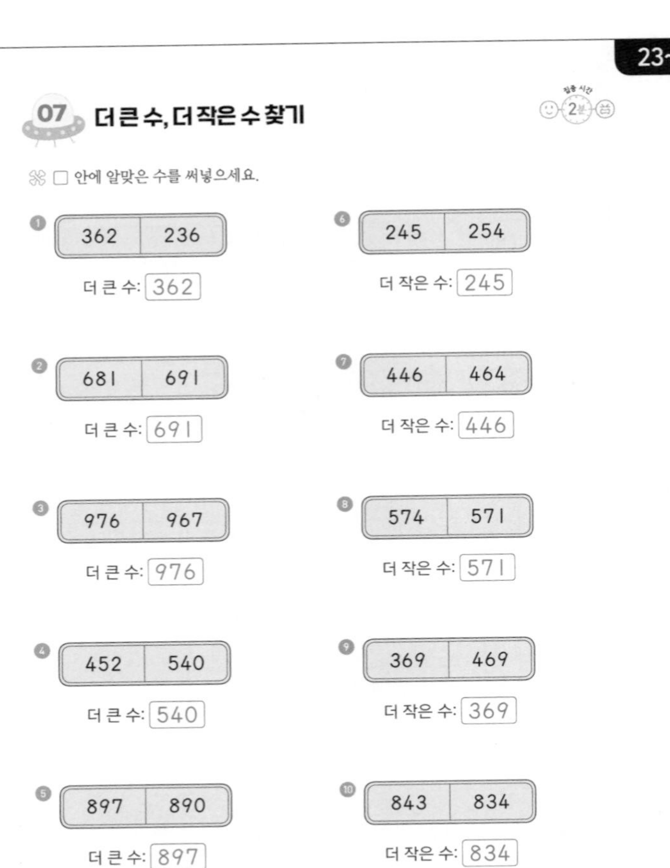

07 더 큰 수, 더 작은 수 찾기

집중 시간 2분

※ □ 안에 알맞은 수를 써넣으세요.

① 362 | 236 — 더 큰 수: 362

② 681 | 691 — 더 큰 수: 691

③ 976 | 967 — 더 큰 수: 976

④ 452 | 540 — 더 큰 수: 540

⑤ 897 | 890 — 더 큰 수: 897

⑥ 245 | 254 — 더 작은 수: 245

⑦ 446 | 464 — 더 작은 수: 446

⑧ 574 | 571 — 더 작은 수: 571

⑨ 369 | 469 — 더 작은 수: 369

⑩ 843 | 834 — 더 작은 수: 834

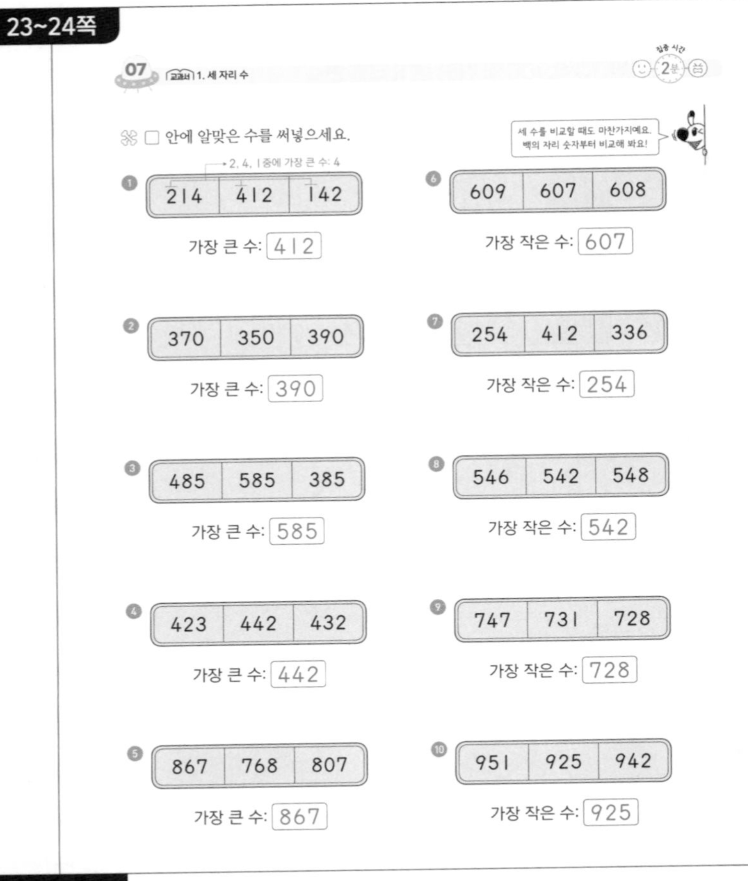

07 교과서 1. 세 자리 수

집중 시간 2분

※ □ 안에 알맞은 수를 써넣으세요.

세 수를 비교할 때도 마찬가지예요. 백의 자리 숫자부터 비교해 봐요!

① 214 | 412 | 142 (2, 4, 1 중에 가장 큰 수: 4) — 가장 큰 수: 412

② 370 | 350 | 390 — 가장 큰 수: 390

③ 485 | 585 | 385 — 가장 큰 수: 585

④ 423 | 442 | 432 — 가장 큰 수: 442

⑤ 867 | 768 | 807 — 가장 큰 수: 867

⑥ 609 | 607 | 608 — 가장 작은 수: 607

⑦ 254 | 412 | 336 — 가장 작은 수: 254

⑧ 546 | 542 | 548 — 가장 작은 수: 542

⑨ 747 | 731 | 728 — 가장 작은 수: 728

⑩ 951 | 925 | 942 — 가장 작은 수: 925

25~26쪽

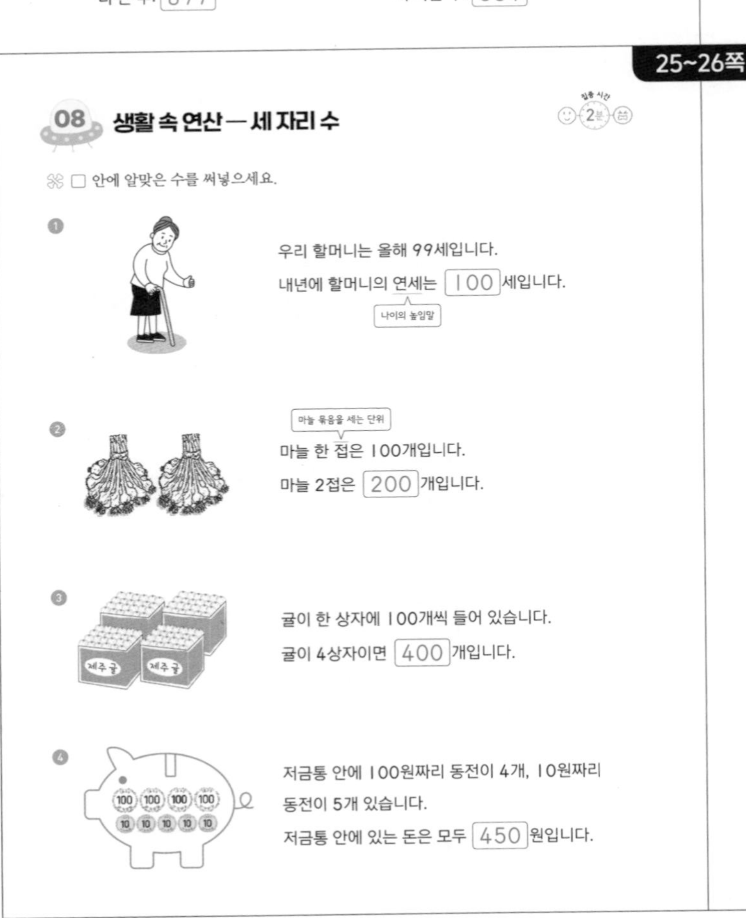

08 생활 속 연산 — 세 자리 수

집중 시간 2분

※ □ 안에 알맞은 수를 써넣으세요.

① 우리 할머니는 올해 99세입니다.
내년에 할머니의 연세는 100 세입니다. (나이의 높임말)

② 마늘 한 접은 100개입니다. (마늘 묶음을 세는 단위)
마늘 2접은 200 개입니다.

③ 귤이 한 상자에 100개씩 들어 있습니다.
귤이 4상자이면 400 개입니다.

④ 저금통 안에 100원짜리 동전이 4개, 10원짜리 동전이 5개 있습니다.
저금통 안에 있는 돈은 모두 450 원입니다.

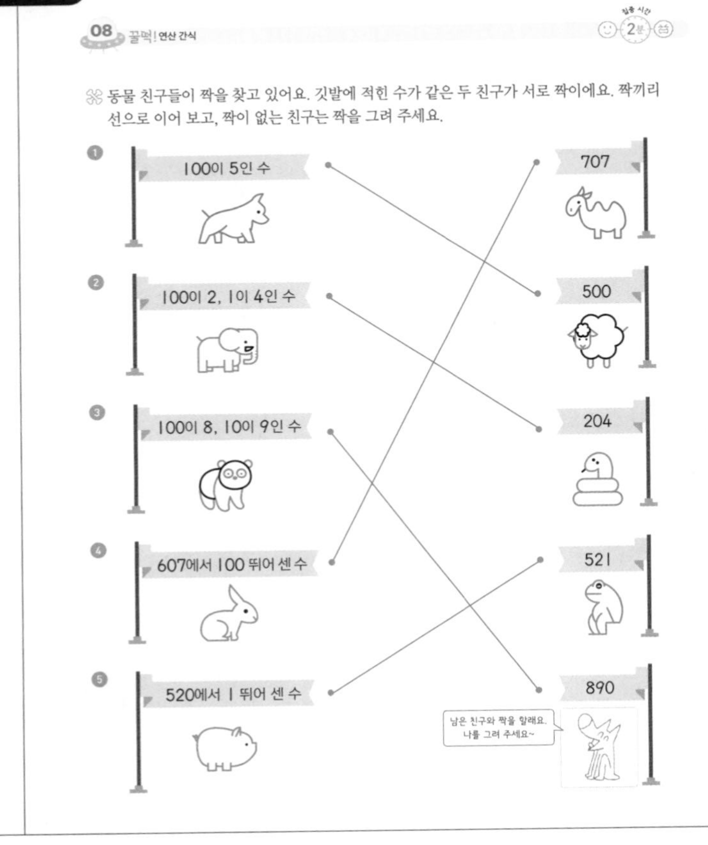

08 꿀떡! 연산 간식

집중 시간 2분

※ 동물 친구들이 짝을 찾고 있어요. 깃발에 적힌 수가 같은 두 친구가 서로 짝이에요. 짝끼리 선으로 이어 보고, 짝이 없는 친구는 짝을 그려 주세요.

① 100이 5인 수 — 500

② 100이 2, 1이 4인 수 — 204

③ 100이 8, 10이 9인 수 — 890

④ 607에서 100 뛰어 센 수 — 707

⑤ 520에서 1 뛰어 센 수 — 521

남은 친구와 짝을 할래요. 나를 그려 주세요~

27쪽

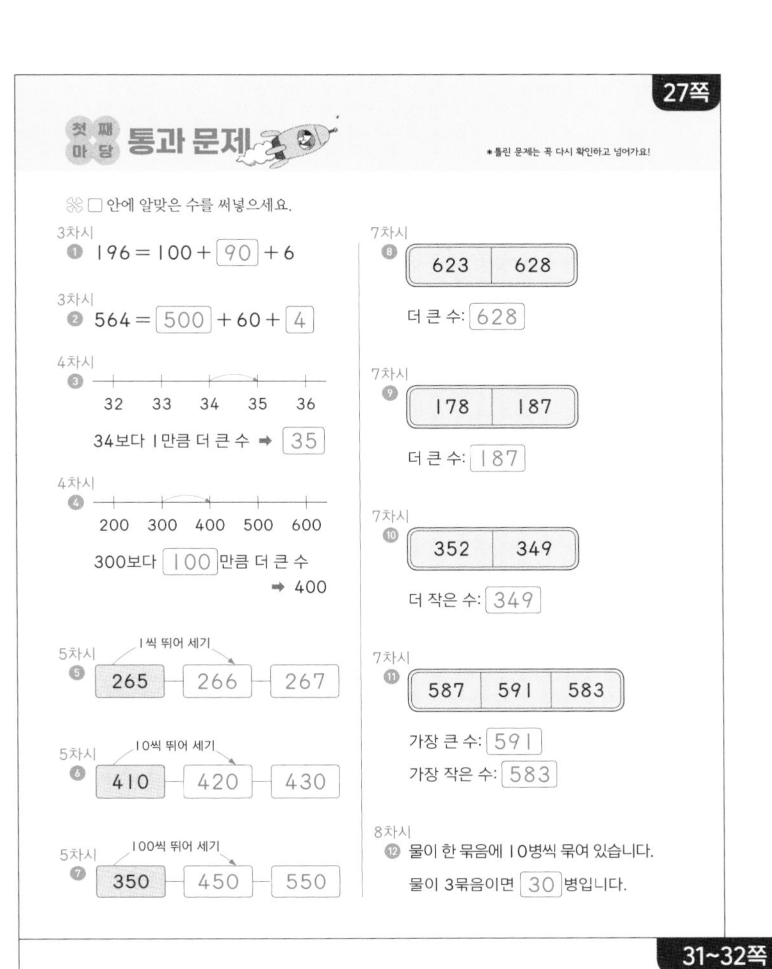
첫째 마당 통과 문제

*틀린 문제는 꼭 다시 확인하고 넘어가요!

□ 안에 알맞은 수를 써넣으세요.

3차시 ① 196 = 100 + [90] + 6

3차시 ② 564 = [500] + 60 + [4]

4차시 ③ 32 33 34 35 36
34보다 1만큼 더 큰 수 ➡ [35]

4차시 ④ 200 300 400 500 600
300보다 [100]만큼 더 큰 수 ➡ 400

5차시 ⑤ 1씩 뛰어 세기: 265 — [266] — [267]

5차시 ⑥ 10씩 뛰어 세기: 410 — [420] — [430]

5차시 ⑦ 100씩 뛰어 세기: 350 — [450] — [550]

7차시 ⑧ 623 628
더 큰 수: [628]

7차시 ⑨ 178 187
더 큰 수: [187]

7차시 ⑩ 352 349
더 작은 수: [349]

7차시 ⑪ 587 591 583
가장 큰 수: [591]
가장 작은 수: [583]

8차시 ⑫ 물이 한 묶음에 10병씩 묶여 있습니다.
물이 3묶음이면 [30]병입니다.

첫째 마당 정복!
둘째 마당으로 가 보자고~

31~32쪽

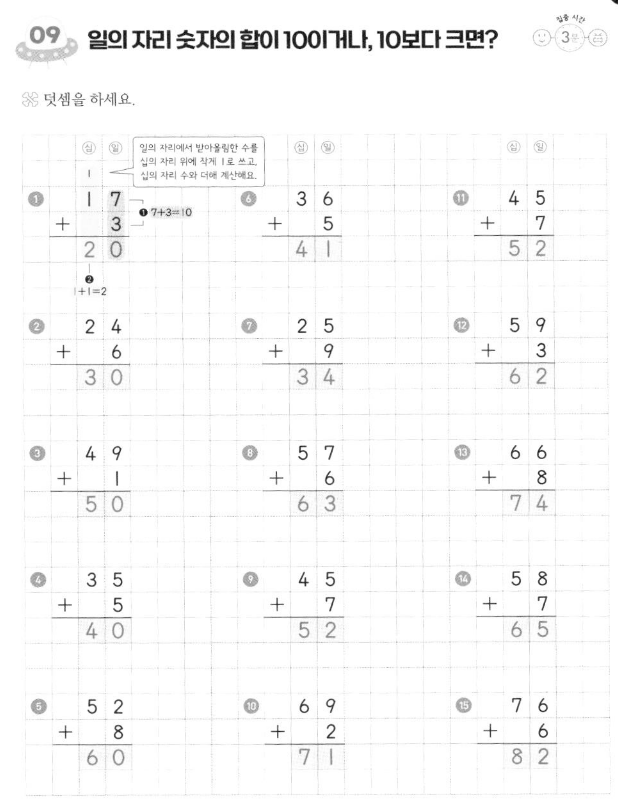
09 일의 자리 숫자의 합이 10이거나, 10보다 크면?

집중 시간 3분

덧셈을 하세요.

일의 자리에서 받아올림한 수를 십의 자리 위에 작게 1로 쓰고, 십의 자리 수와 더해 계산해요.

❶ 7+3=10 ❷ 1+1=2

① 17 + 3 = 20
② 24 + 6 = 30
③ 49 + 1 = 50
④ 35 + 5 = 40
⑤ 52 + 8 = 60
⑥ 36 + 5 = 41
⑦ 25 + 9 = 34
⑧ 57 + 6 = 63
⑨ 45 + 7 = 52
⑩ 69 + 2 = 71
⑪ 45 + 7 = 52
⑫ 59 + 3 = 62
⑬ 66 + 8 = 74
⑭ 58 + 7 = 65
⑮ 76 + 6 = 82

09 교과서 3. 덧셈과 뺄셈

집중 시간 2분

덧셈을 하세요.

① 27 + 3 = 30
② 33 + 9 = 42
③ 54 + 8 = 62
④ 36 + 5 = 41
⑤ 68 + 2 = 70
⑥ 46 + 7 = 53
⑦ 38 + 8 = 46
⑧ 65 + 6 = 71
⑨ 59 + 7 = 66
⑩ 77 + 8 = 85
⑪ 53 + 8 = 61
⑫ 74 + 9 = 83
⑬ 67 + 4 = 71
⑭ 76 + 7 = 83
⑮ 89 + 6 = 95

10 일의 자리에서 받아올림한 수는 십의 자리로!

※ 덧셈을 하세요.

일의 자리 숫자끼리의 합이 10이거나 10보다 크면 십의 자리로 받아올림해서 계산해요.

1. 26 + 4 = 30
2. 32 + 8 = 40
3. 35 + 7 = 42
4. 48 + 4 = 52
5. 55 + 8 = 63
6. 29 + 5 = 34
7. 46 + 6 = 52
8. 38 + 5 = 43
9. 85 + 9 = 94
10. 67 + 9 = 76
11. 57 + 4 = 61
12. 67 + 7 = 74
13. 76 + 4 = 80
14. 54 + 9 = 63
15. 84 + 7 = 91

10 교과서 3. 덧셈과 뺄셈

집중 시간 3분

※ 세로셈으로 나타내고, 덧셈을 하세요.

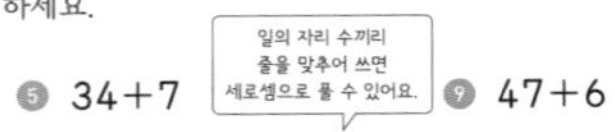

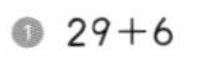
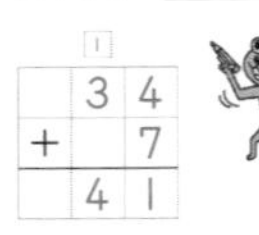

1. 29+6 = 35
2. 33+8 = 41
3. 45+7 = 52
4. 57+8 = 65
5. 34+7 = 41
6. 48+6 = 54
7. 73+7 = 80
8. 56+7 = 63
9. 47+6 = 53
10. 58+8 = 66
11. 66+5 = 71
12. 88+9 = 97

11 가로셈을 쉽게 푸는 비법

집중 시간 2분

※ 덧셈을 하세요.

1. 16+4 = 20

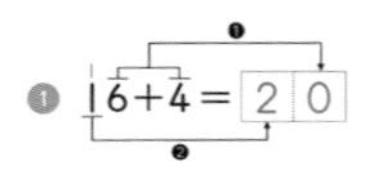

* 가로셈을 세로셈으로 바꾸지 않고 푸는 방법

❶ 7+6=13
27+6 = 33
❷ 1+2=3

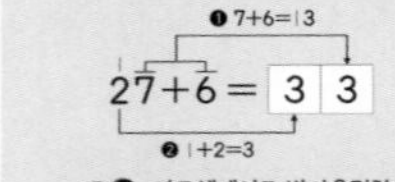

가로셈에서도 받아올림한 수를 표시하면 실수하지 않고 풀 수 있어요.

2. 22+8 = 30
3. 13+9 = 22
4. 38+6 = 44
5. 26+7 = 33
6. 49+2 = 51
7. 35+7 = 42
8. 49+6 = 55
9. 57+4 = 61
10. 67+3 = 70
11. 74+9 = 83

11 교과서 3. 덧셈과 뺄셈

집중 시간 3분

※ 덧셈을 하세요.

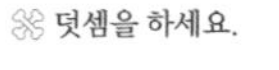

1. 19 + 5 = 24
2. 37 + 8 = 45
3. 54 + 8 = 62
4. 28 + 8 = 36
5. 46 + 7 = 53
6. 58 + 3 = 61
7. 43 + 9 = 52
8. 76 + 5 = 81
9. 65 + 7 = 72
10. 89 + 6 = 95
11. 44 + 8 = 52
12. 68 + 6 = 74
13. 86 + 7 = 93
14. 76 + 8 = 84

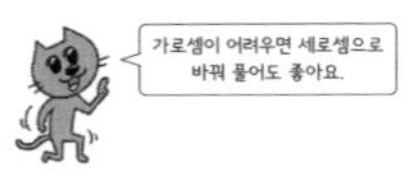

가로셈이 어려우면 세로셈으로 바꿔 풀어도 좋아요.

용! 걱정하지마. 너의 10은 나의 1. 나의 1은 너의 10.

내 마음은 10이라는 것 알고 있지?

37~38쪽

12 받아올림한 수는 꼭 십의 자리 숫자와 더해!

덧셈을 하세요.

①	17 + 3	20
②	23 + 9	32
③	45 + 8	53
④	37 + 4	41
⑤	55 + 9	64
⑥	68 + 7	75
⑦	54 + 9	63
⑧	87 + 5	92
⑨	48 + 3	51
⑩	77 + 5	82
⑪	57 + 6	63
⑫	87 + 8	95
⑬	66 + 8	74
⑭	29 + 9	38

12 교과서 3. 덧셈과 뺄셈

빈칸에 알맞은 수를 써넣으세요.

①

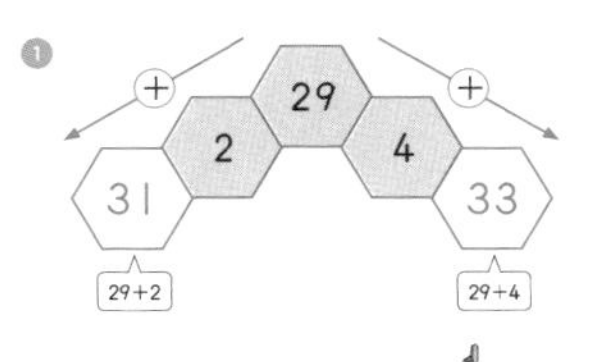

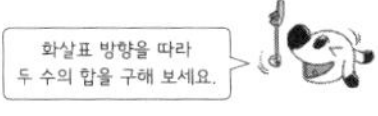

②

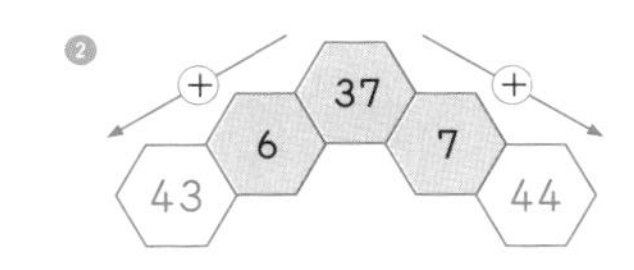

③

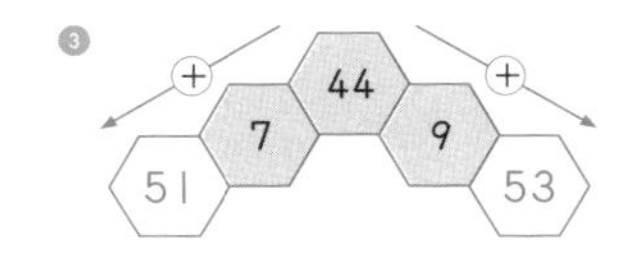

④

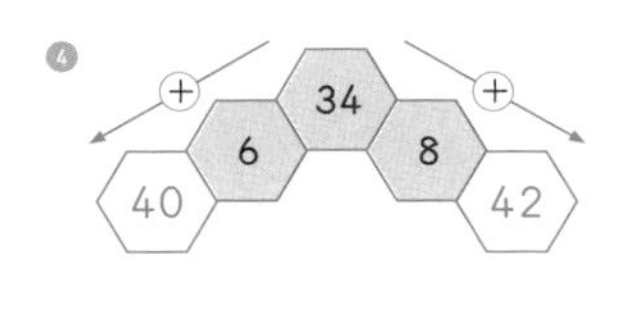

⑤

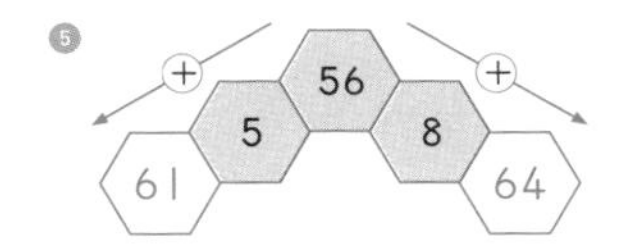

⑥

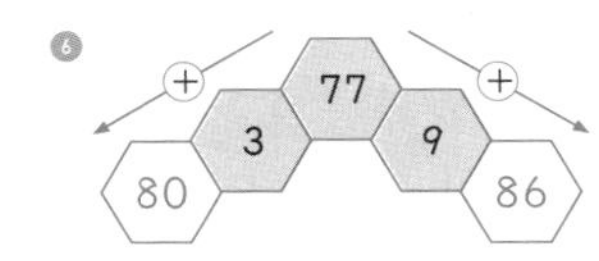

39~40쪽

13 받아올림한 수는 잊지 말고 윗자리로!

덧셈을 하세요.

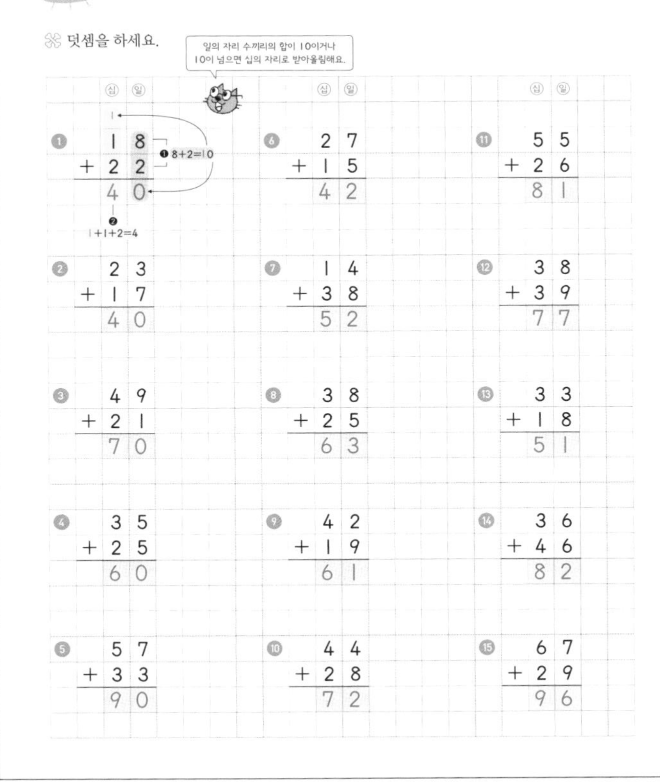

①	18 + 22	40
②	23 + 17	40
③	49 + 21	70
④	35 + 25	60
⑤	57 + 33	90
⑥	27 + 15	42
⑦	14 + 38	52
⑧	38 + 25	63
⑨	42 + 19	61
⑩	44 + 28	72
⑪	55 + 26	81
⑫	38 + 39	77
⑬	33 + 18	51
⑭	36 + 46	82
⑮	67 + 29	96

13 교과서 3. 덧셈과 뺄셈

덧셈을 하세요.

①	24 + 16	40
②	15 + 37	52
③	32 + 29	61
④	23 + 48	71
⑤	37 + 36	73
⑥	37 + 44	81
⑦	26 + 66	92
⑧	52 + 19	71
⑨	49 + 34	83
⑩	68 + 27	95
⑪	46 + 49	95
⑫	38 + 24	62
⑬	33 + 57	90
⑭	57 + 28	85

한 자리 수의 덧셈을 하지 못하면 두 자리 수의 덧셈도 힘들어요. 빨리 답이 나오지 않으면 여러 번 소리내어 읽어 보세요. '8+7=15'

41~42쪽

14 받아올림한 10은 십의 자리에 1로 쓰기!

집중 시간 2분

덧셈을 하세요.

❶ 12+59=71
❷ 36+17=53
❸ 23+38=61
❹ 27+56=83
❺ 46+29=75
❻ 29+24=53
❼ 35+36=71
❽ 57+28=85
❾ 48+35=83
❿ 69+18=87
⓫ 47+16=63
⓬ 24+27=51
⓭ 38+37=75
⓮ 56+37=93
⓯ 65+28=93

비밀을 하나 알려줄까요?
41쪽의 정답은 모두 홀수예요~

14 교과서 3. 덧셈과 뺄셈

세로셈으로 나타내고, 덧셈을 하세요.

❶ 17+23 → 17+23=40
여기까지 왔다니 훌륭해요! 이번에는 세로셈으로 바꾸어 풀어 볼까요?
❷ 16+37 → 53
❸ 29+34 → 63
❹ 38+26 → 64
❺ 36+48 → 84
❻ 41+29 → 70
❼ 28+53 → 81
❽ 54+28 → 82
❾ 25+47 → 72
❿ 54+39 → 93
⓫ 77+14 → 91
⓬ 69+28 → 97

43~44쪽

15 받아올림한 수를 작게 쓰고 더하는 가로셈 비법

집중 시간 3분

덧셈을 하세요.

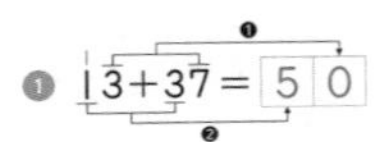

❶ 13+37=50

* (두 자리 수)+(두 자리 수)의 가로셈 푸는 방법

35+27=62 (❶ 5+7=12, ❷ 1+3+2=6)

받아올림한 1에 십의 자리 수인 3과 2를 더해요.
더하는 순서를 통일해야 실수하지 않아요!

❷ 24+36=60
❸ 19+28=47
❹ 25+48=73
❺ 36+29=65
❻ 44+37=81
❼ 28+54=82
❽ 37+49=86
❾ 46+45=91
❿ 56+28=84
⓫ 67+26=93

답이 헷갈리는 문제는?
세로셈으로 바꾸어
확인해 보면 정말 최고!

15 교과서 3. 덧셈과 뺄셈

덧셈을 하세요.

❶ 18+39=57
❷ 27+24=51
❸ 26+48=74
❹ 39+25=64
❺ 41+29=70
❻ 33+48=81
❼ 56+36=92
❽ 64+17=81
❾ 48+34=82
❿ 67+18=85
⓫ 26+67=93
⓬ 48+27=75
⓭ 64+28=92
⓮ 78+16=94

가로셈을 잘하면 시험 문제를
빨리 풀 수 있어요.

45~46쪽

16 받아올림한 수를 잊지 말고 더해!

덧셈을 하세요.

1. 16 + 45 = 61
2. 34 + 29 = 63
3. 48 + 39 = 87
4. 28 + 47 = 75
5. 54 + 38 = 92
6. 29 + 53 = 82
7. 58 + 25 = 83
8. 64 + 17 = 81
9. 37 + 36 = 73
10. 72 + 19 = 91
11. 48 + 43 = 91
12. 36 + 58 = 94
13. 19 + 59 = 78

16 교과서 3. 덧셈과 뺄셈

수학 나라 기차의 좌석 번호는 덧셈으로 표시되어 있어요. 동물 친구들의 자리는 어디일까요? 덧셈을 한 다음 선으로 이어 보세요.

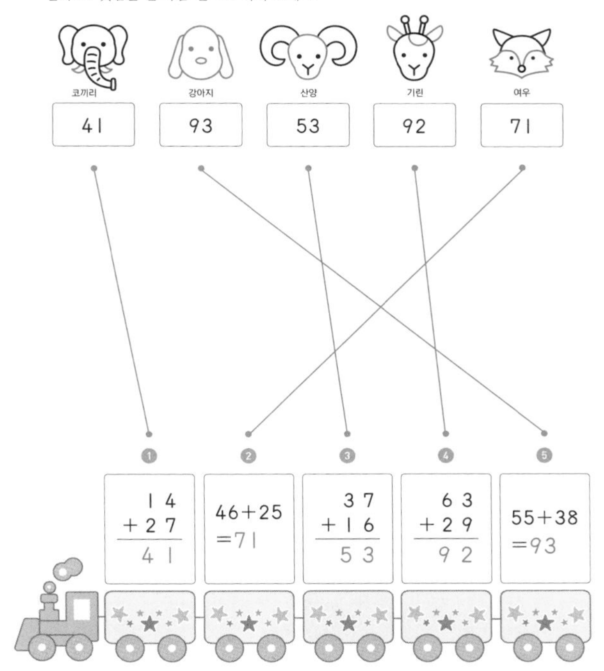

47~48쪽

17 십의 자리에서 받아올림한 수는 백의 자리로!

덧셈을 하세요.

십의 자리 수끼리 더해서 10이거나 10보다 크면 백의 자리로 1을 받아올림해서 계산해요.

(백 / 십 / 일)

1. 12 + 94 = 106 (❶ 2+4=6, ❷ 1+9=10)
2. 21 + 86 = 107
3. 37 + 72 = 109
4. 52 + 53 = 105
5. 45 + 64 = 109
6. 26 + 92 = 118
7. 32 + 85 = 117
8. 53 + 66 = 119
9. 65 + 71 = 136
10. 42 + 86 = 128
11. 51 + 74 = 125
12. 60 + 85 = 145
13. 75 + 62 = 137
14. 56 + 93 = 149
15. 84 + 75 = 159

17 교과서 3. 덧셈과 뺄셈

덧셈을 하세요.

(백 / 십 / 일)

1. 26 + 82 = 108

십의 자리에서 받아올림한 수는 바로 백의 자리로 내려 쓰면 편해요.

2. 31 + 74 = 105
3. 55 + 61 = 116
4. 23 + 96 = 119
5. 43 + 84 = 127
6. 34 + 85 = 119
7. 42 + 95 = 137
8. 62 + 93 = 155
9. 55 + 73 = 128
10. 73 + 66 = 139
11. 44 + 93 = 137
12. 63 + 86 = 149
13. 84 + 61 = 145
14. 72 + 84 = 156
15. 95 + 73 = 168

49~50쪽

18 백의 자리까지 나오는 덧셈 연습

집중 시간 2분

※ 덧셈을 하세요.

답의 수가 커져도 걱정 말아요. 받아올림한 수를 잊지 않고 윗자리로 올려 쓰면 돼요.

번호	백	십	일
①		3	1
	+	7	2
	1	0	3
②		4	2
	+	8	4
	1	2	6
③		2	7
	+	9	2
	1	1	9
④		5	5
	+	6	1
	1	1	6
⑤		6	2
	+	7	4
	1	3	6
⑥		4	6
	+	7	1
	1	1	7
⑦		6	5
	+	6	3
	1	2	8
⑧		5	4
	+	8	5
	1	3	9
⑨		3	1
	+	9	7
	1	2	8
⑩		7	3
	+	4	6
	1	1	9
⑪		5	3
	+	7	4
	1	2	7
⑫		6	2
	+	8	6
	1	4	8
⑬		8	1
	+	7	3
	1	5	4
⑭		7	4
	+	9	2
	1	6	6
⑮		9	4
	+	8	1
	1	7	5

18 교과서 3. 덧셈과 뺄셈

집중 시간 4분

※ 세로셈으로 나타내고, 덧셈을 하세요.

같은 자리 수끼리 줄을 맞추어 쓰는 연습을 해야 실수하지 않아요.

① 27+81 → 27 + 81 = 108

② 34+95 → 34 + 95 = 129

③ 53+62 → 53 + 62 = 115

④ 46+73 → 46 + 73 = 119

⑤ 35+81 → 35 + 81 = 116

⑥ 44+83 → 44 + 83 = 127

⑦ 66+72 → 66 + 72 = 138

⑧ 72+54 → 72 + 54 = 126

⑨ 57+72 → 57 + 72 = 129

⑩ 73+85 → 73 + 85 = 158

⑪ 81+86 → 81 + 86 = 167

⑫ 92+45 → 92 + 45 = 137

51~52쪽

19 백의 자리까지 나오는 덧셈의 가로셈 비법

집중 시간 3분

※ 덧셈을 하세요.

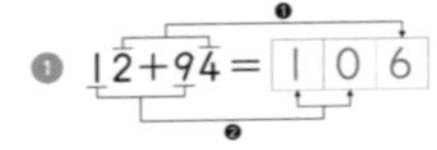

① 12+94 = 106

* 십의 자리에서 받아올림이 있는 덧셈의 가로셈 푸는 방법

❶ 5+2=7

25+92 = 117

❷ 2+9=11

십의 자리에서 받아올림한 수를 바로 백의 자리에 쓰면 가로셈도 어렵지 않아요.

② 21+83 = 104

③ 24+93 = 117

④ 34+81 = 115

⑤ 37+92 = 129

⑥ 43+85 = 128

⑦ 46+72 = 118

⑧ 53+96 = 149

⑨ 62+74 = 136

⑩ 63+94 = 157

⑪ 72+71 = 143

19 교과서 3. 덧셈과 뺄셈

집중 시간 3분

※ 덧셈을 하세요.

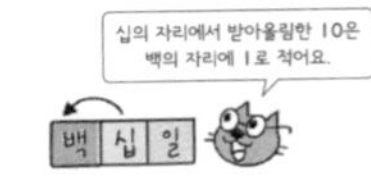

① 24+93 = 117

② 36+82 = 118

③ 58+51 = 109

④ 42+73 = 115

⑤ 62+76 = 138

⑥ 42+85 = 127

⑦ 53+62 = 115

⑧ 73+45 = 118

⑨ 81+55 = 136

⑩ 95+42 = 137

틀리기 쉬운 실수

⑪ 66+82 = 148

⑫ 82+94 = 176

⑬ 76+83 = 159

⑭ 93+75 = 168

20 백의 자리로 받아올림이 있는 덧셈

집중 시간 2분

※ 덧셈을 하세요.

① 34 + 72 = 106

② 41 + 87 = 128

③ 25 + 91 = 116

④ 53 + 64 = 117

⑤ 76 + 62 = 138

⑥ 41 + 75 = 116

⑦ 72 + 84 = 156

⑧ 54 + 75 = 129

⑨ 62 + 67 = 129

⑩ 83 + 44 = 127

앗! 실수

⑪ 57 + 82 = 139

⑫ 73 + 94 = 167

⑬ 63 + 86 = 149

내 마음은 10이라는 거 알지?

응, 너에게 10은 나에게 1이라 그래.

20  3. 덧셈과 뺄셈

※ 빈칸에 알맞은 수를 써넣으세요.

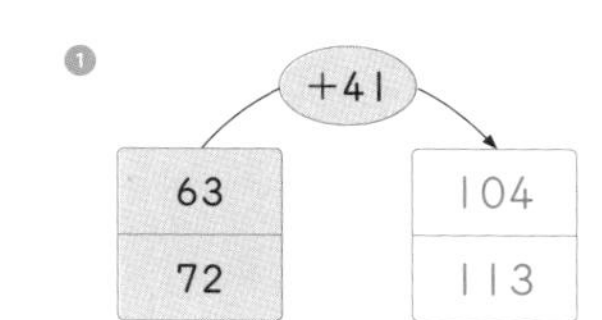

2개의 덧셈식을 만들어 계산해 보세요!

63 + 41 = 104, 72 + 41 = 113

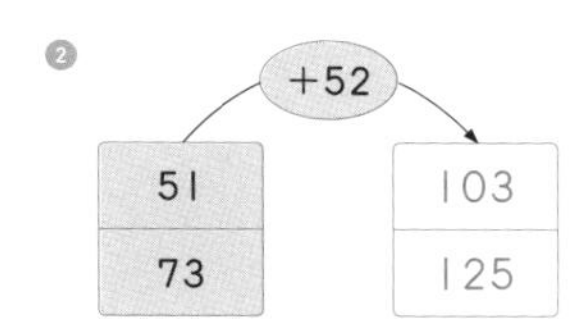

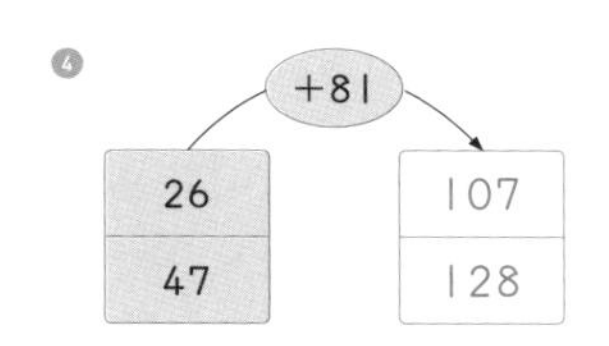

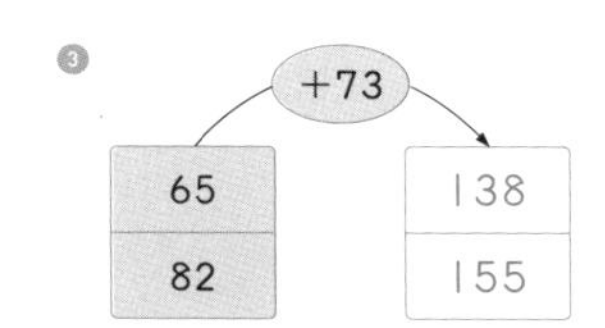

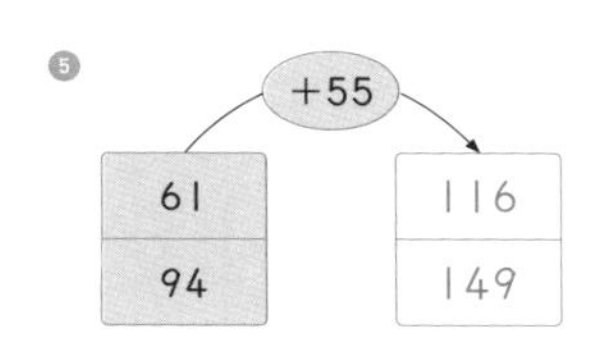

21 받아올림이 두 번 있는 덧셈

집중 시간 3분

※ 덧셈을 하세요.

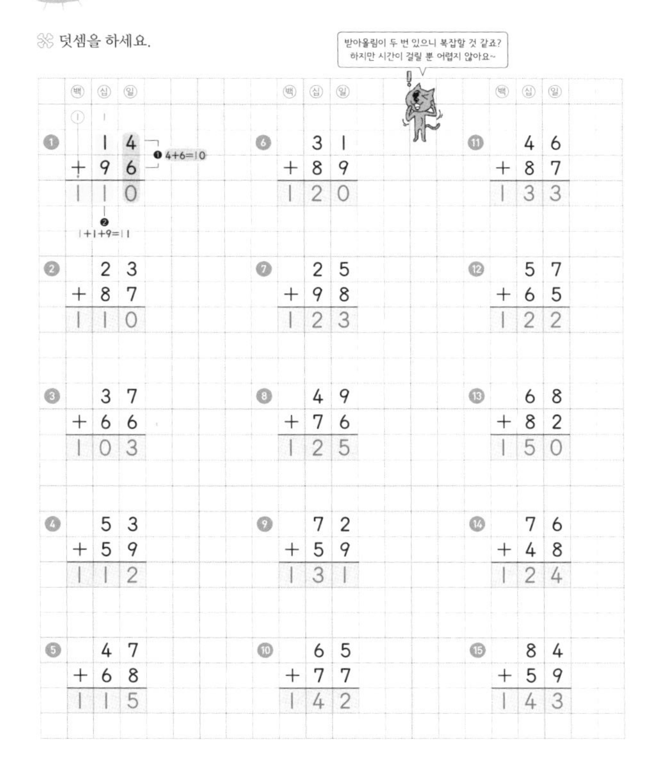

백 십 일
① 14 + 96 = 110
❶ 4+6=10
❷ 1+1+9=11
② 23 + 87 = 110
③ 37 + 66 = 103
④ 53 + 59 = 112
⑤ 47 + 68 = 115
⑥ 31 + 89 = 120
⑦ 25 + 98 = 123
⑧ 49 + 76 = 125
⑨ 72 + 59 = 131
⑩ 65 + 77 = 142
⑪ 46 + 87 = 133
⑫ 57 + 65 = 122
⑬ 68 + 82 = 150
⑭ 76 + 48 = 124
⑮ 84 + 59 = 143

21 교과서 3. 덧셈과 뺄셈

※ 덧셈을 하세요.

① 29 + 81 = 110

십의 자리에서 받아올림한 수는 바로 백의 자리로 내려 쓰면 편해요.

② 63 + 48 = 111

③ 35 + 95 = 130

④ 47 + 74 = 121

⑤ 84 + 68 = 152

⑥ 36 + 85 = 121

⑦ 48 + 86 = 134

⑧ 72 + 59 = 131

⑨ 67 + 68 = 135

⑩ 55 + 89 = 144

⑪ 59 + 64 = 123

⑫ 65 + 76 = 141

⑬ 87 + 49 = 136

⑭ 76 + 97 = 173

⑮ 93 + 49 = 142

57~58쪽

22 받아올림이 두 번 있는 덧셈 한 번 더!

집중 시간 3분

덧셈을 하세요.

십의 자리로 한 번, 백의 자리로 또 한 번!
2번 받아올림해야 해요~

① 36+75=111
② 28+94=122
③ 44+79=123
④ 35+86=121
⑤ 57+75=132
⑥ 49+86=135
⑦ 56+89=145
⑧ 68+93=161
⑨ 84+39=123
⑩ 76+68=144
⑪ 58+94=152
⑫ 67+74=141
⑬ 75+88=163
⑭ 85+69=154
⑮ 95+87=182

22 교과서 3. 덧셈과 뺄셈

세로셈으로 나타내고, 덧셈을 하세요.

① 27+84=111
십의 자리에서 받아올림한 수는 바로 백의 자리에 내려 쓰면 편해요.
② 26+95=121
③ 34+87=121
④ 48+93=141
⑤ 36+79=115
⑥ 53+68=121
⑦ 66+47=113
⑧ 78+59=137
⑨ 43+89=132
⑩ 92+19=111
⑪ 66+74=140
⑫ 89+64=153

59~60쪽

23 계산이 빨라지는 가로셈 비법

집중 시간 3분

덧셈을 하세요.

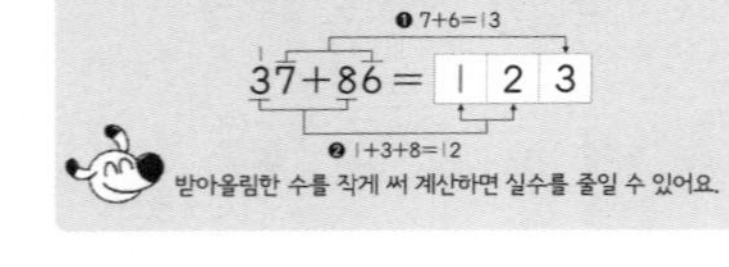
* 받아올림이 두 번 있는 덧셈의 가로셈 푸는 방법

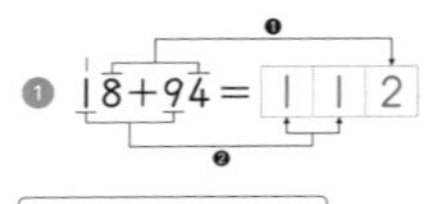

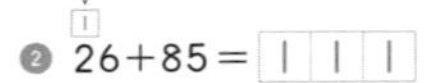

② 26+85=111
③ 29+96=125
④ 38+63=101
⑤ 35+97=132
⑥ 48+73=121
⑦ 49+87=136
⑧ 54+69=123
⑨ 58+95=153
⑩ 63+89=152
⑪ 77+69=146

23 교과서 3. 덧셈과 뺄셈

집중 시간 3분

덧셈을 하세요.

① 38+74=112
② 25+96=121
③ 48+78=126
④ 57+85=142
⑤ 64+49=113
⑥ 49+53=102
⑦ 77+67=144
⑧ 69+59=128
⑨ 86+47=133
⑩ 78+86=164

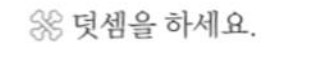
앗! 실수

⑪ 54+88=142
⑫ 67+98=165
⑬ 97+86=183

61~62쪽

24 실수 없게! 두 자리 수의 덧셈 집중 연습

집중 시간 3분

※ 덧셈을 하세요.

❶ 35 + 68 = 103

급하게 안 풀어도 돼요. 속도보다는 정확하게 푸는 게 먼저예요!

❷ 47 + 79 = 126
❸ 51 + 69 = 120
❹ 63 + 78 = 141
❺ 76 + 57 = 133
❻ 78 + 57 = 135
❼ 69 + 74 = 143
❽ 86 + 68 = 154
❾ 94 + 58 = 152
❿ 37 + 75 = 112
⓫ 49 + 82 = 131
⓬ 59 + 87 = 146
⓭ 98 + 96 = 194
⓮ 96 + 64 = 160

24 교과서 3. 덧셈과 뺄셈

집중 시간 3분

※ 덧셈을 하세요.

어려운 문제는 꼭 ☆ 표시를 하고 한 번 더 풀어야 해요.

❶ 25 + 87 = 112
❷ 36 + 95 = 131
❸ 47 + 68 = 115
❹ 76 + 48 = 124
❺ 69 + 87 = 156
❻ 67 + 74 = 141
❼ 78 + 48 = 126
❽ 59 + 85 = 144
❾ 84 + 99 = 183
❿ 25 + 97 = 122
⓫ 43 + 78 = 121
⓬ 57 + 76 = 133
⓭ 68 + 75 = 143
⓮ 87 + 49 = 136

63~64쪽

25 두 자리 수의 덧셈 한 번 더!

집중 시간 3분

※ 덧셈을 하세요.

❶ 32 + 88 = 120
❷ 57 + 64 = 121
❸ 45 + 97 = 142
❹ 66 + 75 = 141
❺ 74 + 59 = 133
❻ 38 + 97 = 135
❼ 48 + 74 = 122
❽ 81 + 69 = 150
❾ 89 + 98 = 187

앗! 실수

❿ 36 + 68 = 104
⓫ 64 + 88 = 152
⓬ 86 + 79 = 165
⓭ 93 + 39 = 132

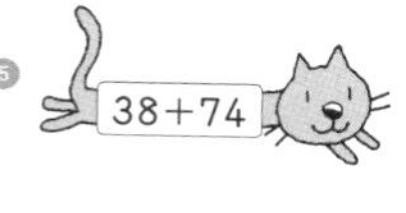

일의 자리에서 받아올림한 수는 십의 자리로!
백 십 일

십의 자리에서 받아올림한 수는 백의 자리로!
백 십 일

25 교과서 3. 덧셈과 뺄셈

집중 시간 3분

※ 고양이들이 실뭉치를 가지고 놀다가 놓쳤습니다. 각 고양이의 실뭉치는 무엇일까요? 덧셈식의 계산 결과가 적힌 실뭉치를 찾아 선으로 이어 보세요.

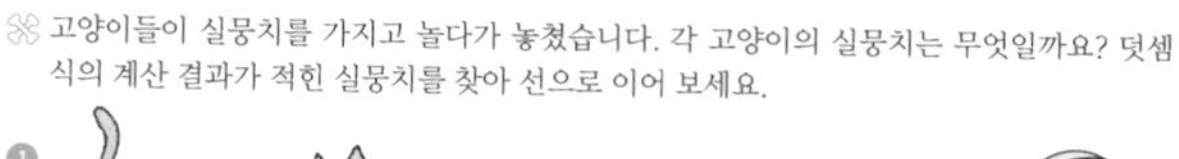

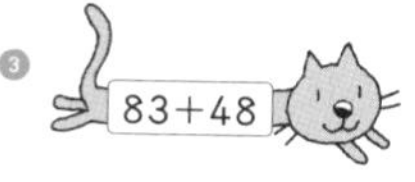

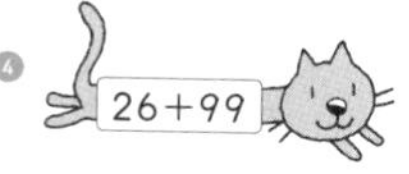

37+86
54+87
83+48
26+99
38+74
46+96
125
131
142
123
141
112

65~66쪽

26 몇십끼리, 몇끼리 더하는 방법

※ □ 안에 알맞은 수를 써넣으세요.

이렇게 풀 수도 있네요? 방법을 외울 필요는 없어요. 따라 풀다 보면 익혀질 거예요.

① 17 + 34
= 10 + [7] + 30 + [4]
= 40 + [11]
= [51]

더하는 수를 각각 몇십과 몇으로 나누어 더하는 방법이에요.

* 몇십끼리, 몇끼리 더하는 방법

23
19
23 + 19 = 20 + 10 + 3 + 9
= 30 + 12 = 42

② 28 + 47
= 20 + [8] + 40 + [7]
= 60 + [15]
= [75]

③ 39 + 25
= 30 + [9] + 20 + [5]
= 50 + [14]
= [64]

④ 46 + 28
= 40 + [6] + 20 + [8]
= 60 + [14]
= [74]

⑤ 42 + 38
= [40] + 2 + [30] + 8
= 70 + [10]
= [80]

⑥ 56 + 35
= [50] + 6 + [30] + 5
= 80 + [11]
= [91]

⑦ 64 + 29
= [60] + 4 + [20] + 9
= 80 + [13]
= [93]

26 교과서 3. 덧셈과 뺄셈

※ □ 안에 알맞은 수를 써넣으세요.

① 16 + 48
= 10 + [6] + 40 + [8]
= 50 + [14]
= [64]

② 32 + 39
= 30 + [2] + 30 + [9]
= 60 + [11]
= [71]

③ 38 + 24
= 30 + [8] + 20 + [4]
= 50 + [12]
= [62]

④ 47 + 36
= 40 + [7] + 30 + [6]
= 70 + [13]
= [83]

⑤ 24 + 57
= [20] + 4 + [50] + 7
= [70] + 11
= [81]

⑥ 38 + 48
= [30] + 8 + [40] + 8
= [70] + 16
= [86]

⑦ 59 + 33
= [50] + 9 + [30] + 3
= [80] + 12
= [92]

앗! 실수

실수하기 쉬운 계산이에요. 집중해서 풀어 보세요!

⑧ 69 + 28
= [60] + 9 + [20] + 8
= [80] + 17
= [97]

67~68쪽

27 몇십과 몇으로 나누어 더하는 방법

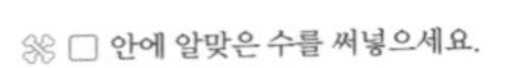

※ □ 안에 알맞은 수를 써넣으세요.

① 15 + 27
= 15 + 20 + [7]
= [35] + 7
= [42]

* 더하는 수를 몇십과 몇으로 나누어 더하는 방법

14
36
14 + 36 = 14 + 30 + 6
= 44 + 6 = 50

② 23 + 37
= 23 + 30 + [7]
= [53] + 7
= [60]

③ 32 + 29
= 32 + 20 + [9]
= 52 + [9]
= [61]

④ 45 + 18
= 45 + 10 + [8]
= 55 + [8]
= [63]

⑤ 44 + 48
= 44 + [40] + 8
= [84] + 8
= [92]

⑥ 38 + 57
= 38 + [50] + 7
= 88 + [7]
= [95]

⑦ 58 + 39
= 58 + [30] + 9
= 88 + [9]
= [97]

27 교과서 3. 덧셈과 뺄셈

※ □ 안에 알맞은 수를 써넣으세요.

① 15 + 57
= 15 + 50 + [7]
= 65 + [7]
= [72]

57은 50과 몇으로 나눌 수 있나요?

② 23 + 49
= 23 + 40 + [9]
= 63 + [9]
= [72]

③ 42 + 28
= 42 + 20 + [8]
= [62] + 8
= [70]

④ 35 + 56
= 35 + 50 + [6]
= [85] + 6
= [91]

⑤ 46 + 49
= 46 + 40 + [9]
= 86 + [9]
= [95]

⑥ 54 + 27
= 54 + 20 + [7]
= 74 + [7]
= [81]

⑦ 66 + 18
= 66 + [10] + 8
= [76] + 8
= [84]

앗! 실수

⑧ 79 + 17
= 79 + [10] + 7
= [89] + 7
= [96]

28 몇십으로 만들어 더하는 방법

집중 시간 3분

□ 안에 알맞은 수를 써넣으세요.

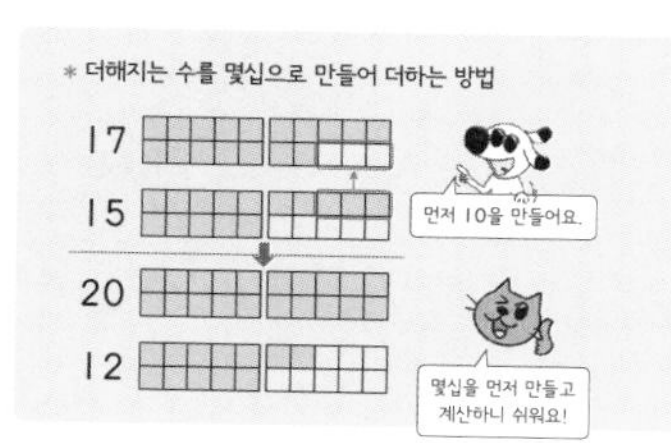

① $17+15$
$=17+3+\boxed{12}$
$=\boxed{20}+12$
$=\boxed{32}$

② $26+56$
$=26+4+\boxed{52}$
$=\boxed{30}+52$
$=\boxed{82}$

③ $38+26$
$=38+\boxed{2}+24$
$=\boxed{40}+24$
$=\boxed{64}$

④ $46+35$
$=46+\boxed{4}+31$
$=\boxed{50}+31$
$=\boxed{81}$

⑤ $37+54$
$=37+3+\boxed{51}$
$=\boxed{40}+51$
$=\boxed{91}$

⑥ $58+37$
$=58+\boxed{2}+35$
$=\boxed{60}+35$
$=\boxed{95}$

⑦ $45+29$
$=45+\boxed{5}+24$
$=\boxed{50}+24$
$=\boxed{74}$

28 교과서 3. 덧셈과 뺄셈

집중 시간 3분

□ 안에 알맞은 수를 써넣으세요.

① $28+42$
$=28+2+\boxed{40}$
$=30+\boxed{40}$
$=\boxed{70}$

계산하기 쉽게 만드는 거네요. 28+2=30이 되니까~

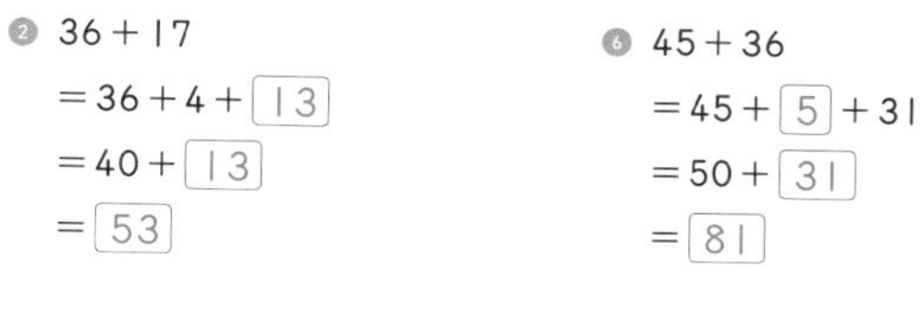

② $36+17$
$=36+4+\boxed{13}$
$=40+\boxed{13}$
$=\boxed{53}$

③ $47+24$
$=47+3+\boxed{21}$
$=\boxed{50}+21$
$=\boxed{71}$

④ $59+26$
$=59+1+\boxed{25}$
$=\boxed{60}+25$
$=\boxed{85}$

⑤ $37+47$
$=37+\boxed{3}+44$
$=40+\boxed{44}$
$=\boxed{84}$

⑥ $45+36$
$=45+\boxed{5}+31$
$=50+\boxed{31}$
$=\boxed{81}$

⑦ $68+25$
$=68+\boxed{2}+23$
$=\boxed{70}+23$
$=\boxed{93}$

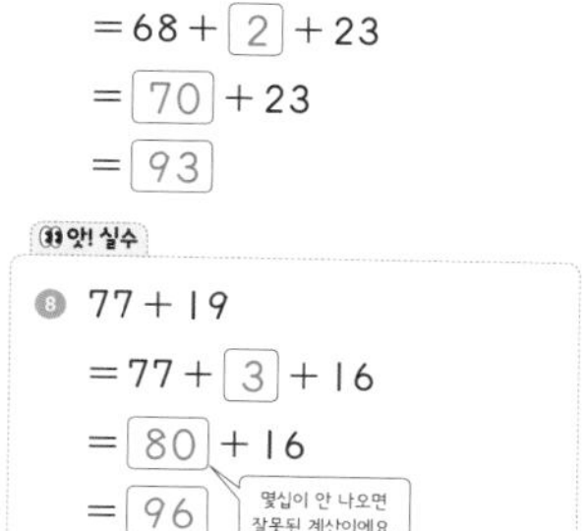

앗! 실수

⑧ $77+19$
$=77+\boxed{3}+16$
$=\boxed{80}+16$
$=\boxed{96}$

몇십이 안 나오면 잘못된 계산이에요.

29 생활 속 연산 — 덧셈

집중 시간 3분

□ 안에 알맞은 수를 써넣으세요.

①

책장에 책 26권, 바닥에 책 6권이 있습니다.
책장과 바닥에 있는 책은 모두 $\boxed{32}$권입니다.

②

미나는 줄넘기를 32번 넘었고, 준희는 29번 넘었습니다. 미나와 준희가 넘은 줄넘기 횟수는 모두 $\boxed{61}$번입니다.

③

언니의 몸무게는 47킬로그램이고, 내 몸무게는 35킬로그램입니다. 언니와 내 몸무게를 합하면 $\boxed{82}$킬로그램입니다.

④

나는 오늘 수학 시험에서 92점, 국어 시험에서 85점을 받았습니다.
수학 점수와 국어 점수를 합하면 $\boxed{177}$점입니다.

29 꿀꺽! 연산 간식

집중 시간 2분

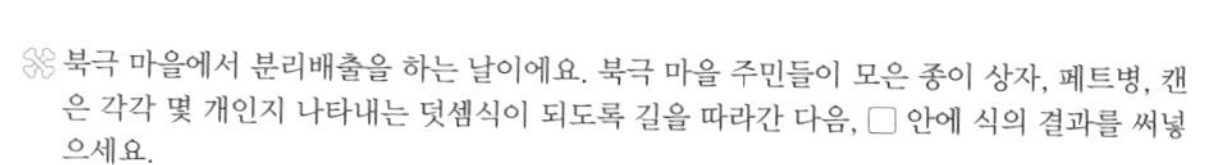

북극 마을에서 분리배출을 하는 날이에요. 북극 마을 주민들이 모은 종이 상자, 페트병, 캔은 각각 몇 개인지 나타내는 덧셈식이 되도록 길을 따라간 다음, □ 안에 식의 결과를 써넣으세요.

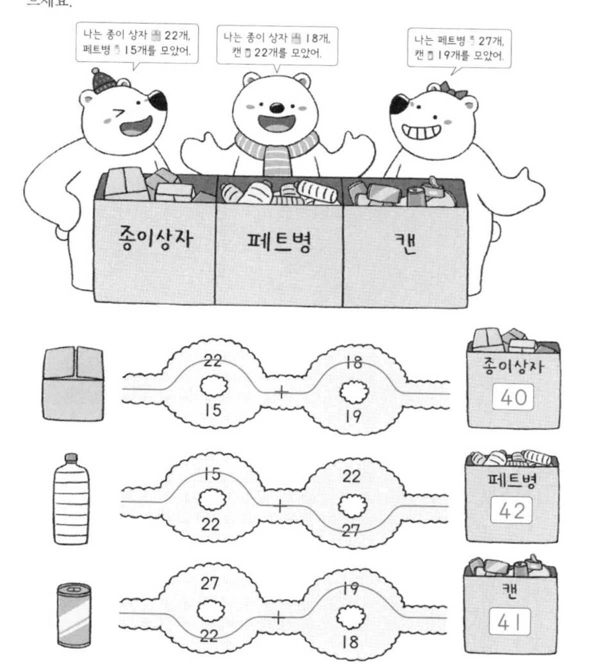

73쪽

둘째 마당 통과 문제

★틀린 문제는 꼭 다시 확인하고 넘어가요!

※ □ 안에 알맞은 수를 써넣으세요.

9차시
① 35 + 6 = [41]

9차시
② 29 + 5 = [34]

13차시
③ 27 + 34 = [61]

13차시
④ 78 + 17 = [95]

17차시
⑤ 74 + 93 = [167]

17차시
⑥ 33 + 85 = [118]

21차시
⑦ 94 + 39 = [133]

21차시
⑧ 49 + 89 = [138]

11차시
⑨ $67+6=$ [73]

15차시
⑩ $19+23=$ [42]

19차시
⑪ $54+72=$ [126]

19차시
⑫ $96+43=$ [139]

23차시
⑬ $43+67=$ [110]

23차시
⑭ $39+88=$ [127]

29차시
⑮ 종이학을 주희는 17개, 경아는 29개 접었습니다. 주희와 경아가 접은 종이학은 모두 [46]개입니다.

둘째 마당 정복!
셋째 마당으로 가 보자고~

77~78쪽

30 일의 자리 수끼리 뺄 수 없으면 받아내림하자

※ 뺄셈을 하세요.

받아내림한 수와 받아내림하고 남은 수를 작게 써서 실수를 줄일 수 있어요~

① 20 − 7 = 13 (❶ 10+0−7=3, ❷ 1−0=1)
② 30 − 9 = 21
③ 40 − 8 = 32
④ 50 − 5 = 45
⑤ 60 − 4 = 56
⑥ 21 − 4 = 17
⑦ 32 − 3 = 29
⑧ 34 − 9 = 25
⑨ 42 − 8 = 34
⑩ 54 − 6 = 48
⑪ 44 − 8 = 36
⑫ 52 − 6 = 46
⑬ 66 − 9 = 57
⑭ 74 − 5 = 69
⑮ 81 − 7 = 74

30 교과서 3. 덧셈과 뺄셈

※ 뺄셈을 하세요.

① 30 − 6 = 24
② 40 − 5 = 35
③ 23 − 4 = 19
④ 34 − 7 = 27
⑤ 45 − 9 = 36
⑥ 31 − 8 = 23
⑦ 46 − 7 = 39
⑧ 67 − 9 = 58
⑨ 53 − 6 = 47
⑩ 72 − 8 = 64
⑪ 46 − 8 = 38
⑫ 64 − 5 = 59
⑬ 52 − 4 = 48
⑭ 83 − 7 = 76
⑮ 95 − 6 = 89

79~80쪽

31 십의 자리의 1은 일의 자리의 10이야

뺄셈을 하세요.

받아내림한 수와 받아내림하고 남은 수를 잘 표시했다면 이미 반은 푼 거예요~

번호	식	답
❶	20 − 8	12
❷	70 − 5	65
❸	23 − 5	18
❹	35 − 6	29
❺	42 − 9	33
❻	24 − 8	16
❼	41 − 6	35
❽	33 − 9	24
❾	57 − 8	49
❿	67 − 9	58
⓫	43 − 7	36
⓬	66 − 7	59
⓭	71 − 9	62
⓮	84 − 5	79
⓯	92 − 8	84

31 교과서 3. 덧셈과 뺄셈

세로셈으로 나타내고, 뺄셈을 하세요.

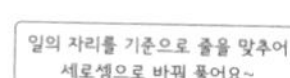

일의 자리를 기준으로 줄을 맞추어 세로셈으로 바꿔 풀어요~

번호	식	받아내림	답
❶	22 − 9	1, 10	13
❷	35 − 7	2, 10	28
❸	43 − 6	3, 10	37
❹	57 − 8	4, 10	49
❺	46 − 8	3, 10	38
❻	65 − 6	5, 10	59
❼	51 − 7	4, 10	44
❽	73 − 7	6, 10	66
❾	52 − 6	4, 10	46
❿	72 − 8	6, 10	64
⓫	80 − 9	7, 10	71
⓬	93 − 5	8, 10	88

81~82쪽

32 받아내림이 있는 뺄셈의 가로셈 비법

뺄셈을 하세요.

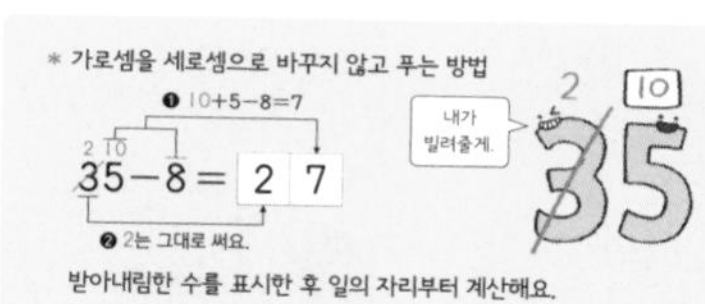

❶ 20−6= 14

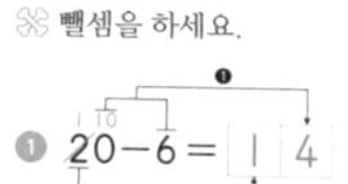

❷ 40−8= 32
❸ 23−7= 16
❹ 32−9= 23
❺ 71−6= 65
❻ 52−3= 49
❼ 37−9= 28
❽ 41−8= 33
❾ 63−4= 59
❿ 53−8= 45
⓫ 75−7= 68

32 교과서 3. 덧셈과 뺄셈

뺄셈을 하세요.

❶ 26 − 7 = 19
❷ 32 − 6 = 26
❸ 41 − 3 = 38
❹ 54 − 9 = 45
❺ 61 − 5 = 56
❻ 45 − 6 = 39
❼ 52 − 5 = 47
❽ 72 − 7 = 65
❾ 65 − 6 = 59
❿ 83 − 8 = 75
⓫ 63 − 7 = 56
⓬ 74 − 6 = 68
⓭ 85 − 8 = 77
⓮ 96 − 9 = 87

내가 1묶음을 줄게~
그럼 난 10으로 써야겠다!

83~84쪽

33 받아내림하면 십의 자리 숫자는 1 작아져!

집중 시간 3분

※ 뺄셈을 하세요.

❶ 73 − 8 = 65
❷ 31 − 9 = 22
❸ 54 − 7 = 47
❹ 42 − 4 = 38
❺ 65 − 8 = 57
❻ 35 − 7 = 28
❼ 53 − 5 = 48
❽ 82 − 6 = 76
❾ 76 − 9 = 67
❿ 90 − 7 = 83
⓫ 57 − 8 = 49
⓬ 83 − 7 = 76
⓭ 91 − 6 = 85

집중 시간 3분

※ 빈칸에 알맞은 수를 써넣으세요.

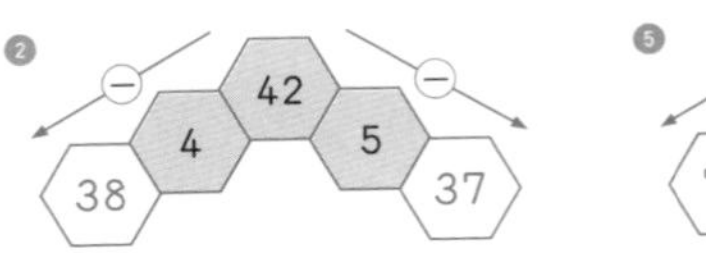

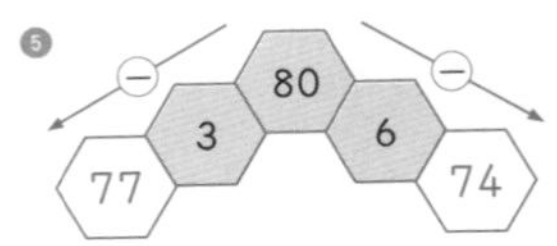

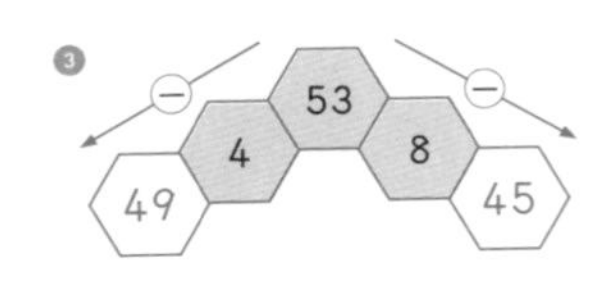

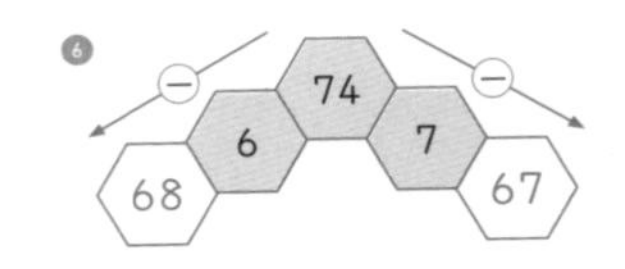

85~86쪽

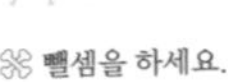

34 받아내림이 있는 두 자리 수의 뺄셈

집중 시간 3분

※ 뺄셈을 하세요.

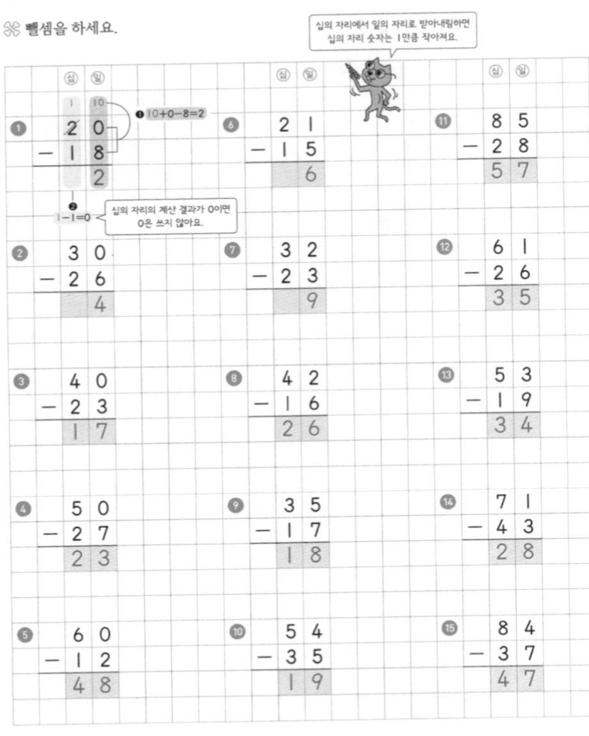

십의 자리에서 일의 자리로 받아내림하면 십의 자리 숫자는 1만큼 작아져요.
❶ 10+0−8=2
❷ 1−1=0
십의 자리의 계산 결과가 0이면 0은 쓰지 않아요.

❶ 20 − 18 = 2
❷ 30 − 26 = 4
❸ 40 − 23 = 17
❹ 50 − 27 = 23
❺ 60 − 12 = 48
❻ 21 − 15 = 6
❼ 32 − 23 = 9
❽ 42 − 16 = 26
❾ 35 − 17 = 18
❿ 54 − 35 = 19
⓫ 85 − 28 = 57
⓬ 61 − 26 = 35
⓭ 53 − 19 = 34
⓮ 71 − 43 = 28
⓯ 84 − 37 = 47

집중 시간 3분

※ 뺄셈을 하세요.

일의 자리 숫자가 0이라는 건 일의 자리에 아무것도 없음을 뜻해요.

❶ 40 − 27 = 13
❷ 60 − 26 = 34
❸ 30 − 19 = 11
❹ 50 − 14 = 36
❺ 70 − 23 = 47
❻ 46 − 18 = 28
❼ 53 − 36 = 17
❽ 72 − 28 = 44
❾ 65 − 26 = 39
❿ 52 − 34 = 18
⓫ 44 − 29 = 15
⓬ 84 − 56 = 28
⓭ 73 − 48 = 25
⓮ 91 − 37 = 54

86쪽 정답 맞추는 비밀 공개! 홀수 번호는 답이 홀수, 짝수 번호는 답이 짝수예요~

87~88쪽

35 받아내림이 있는 두 자리 수의 뺄셈 한 번 더!

뺄셈을 하세요.

① 30 − 19 = 11
② 70 − 18 = 52
③ 43 − 29 = 14
④ 36 − 17 = 19
⑤ 53 − 28 = 25
⑥ 35 − 26 = 9
⑦ 42 − 17 = 25
⑧ 61 − 34 = 27
⑨ 90 − 19 = 71
⑩ 75 − 48 = 27
⑪ 43 − 14 = 29
⑫ 67 − 29 = 38
⑬ 72 − 46 = 26
⑭ 81 − 35 = 46

십의 자리의 0은 쓰지 않아요.

* 계산이 빨라지는 비법 ①
52 − 23 = 29 (3−2=1)
방향으로 일의 자리 두 수를 뺀 값이 1이면 일의 자리 답은 무조건 9가 돼요.

35 교과서 3. 덧셈과 뺄셈

세로셈으로 나타내고, 뺄셈을 하세요.

세로셈으로 풀 땐 같은 자리 수끼리 줄을 맞추어 써요.

① 50 − 15 = 35
② 70 − 28 = 42
③ 35 − 19 = 16
④ 46 − 17 = 29
⑤ 53 − 35 = 18
⑥ 61 − 29 = 32
⑦ 75 − 36 = 39
⑧ 82 − 18 = 64
⑨ 54 − 38 = 16
⑩ 72 − 24 = 48
⑪ 81 − 57 = 24
⑫ 92 − 45 = 47

89~90쪽

36 계산이 빨라지는 가로셈 비법

뺄셈을 하세요.

① 30 − 14 = 16

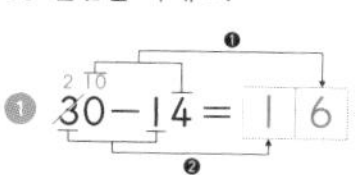
일의 자리로 10을 받아내림하면 십의 자리 숫자는 1만큼 작아져요!

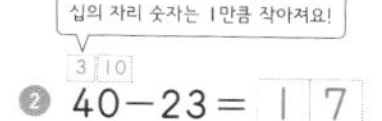

② 40 − 23 = 17
③ 60 − 38 = 22
④ 32 − 19 = 13
⑤ 43 − 25 = 18
⑥ 52 − 13 = 39
⑦ 45 − 16 = 29
⑧ 51 − 27 = 24
⑨ 65 − 29 = 36
⑩ 72 − 45 = 27
⑪ 83 − 37 = 46

* 받아내림이 있는 두 자리 수의 뺄셈의 가로셈 푸는 방법
32 − 17 = 15 (❶ 10+2−7=5, ❷ 2−1=1)
받아내림한 수를 표시하면 실수를 줄일 수 있어요.

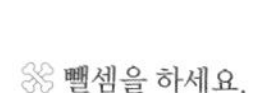

36 교과서 3. 덧셈과 뺄셈

뺄셈을 하세요.

① 40 − 16 = 24
② 60 − 39 = 21
③ 80 − 18 = 62
④ 45 − 26 = 19
⑤ 54 − 26 = 28
⑥ 42 − 17 = 25
⑦ 62 − 56 = 6
⑧ 51 − 38 = 13
⑨ 82 − 47 = 35
⑩ 76 − 27 = 49
⑪ 63 − 47 = 16
⑫ 75 − 36 = 39
⑬ 84 − 19 = 65
⑭ 97 − 68 = 29

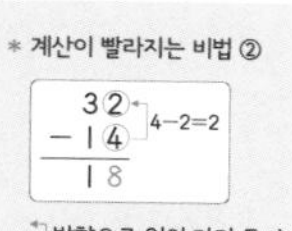

* 계산이 빨라지는 비법 ②
32 − 14 = 18 (4−2=2)
방향으로 일의 자리 두 수를 뺀 값이 2면 일의 자리 답은 무조건 8이 돼요.

37 실수 없게! 받아내림이 있는 뺄셈 집중 연습

집중 시간 4분

뺄셈을 하세요.

① $45 - 27 = 18$
② $51 - 22 = 29$
③ $64 - 36 = 28$
④ $72 - 15 = 57$
⑤ $82 - 69 = 13$
⑥ $53 - 38 = 15$
⑦ $95 - 26 = 69$
⑧ $63 - 29 = 34$
⑨ $71 - 34 = 37$
⑩ $92 - 37 = 55$
⑪ $34 - 28 = 6$
⑫ $43 - 15 = 28$
⑬ $52 - 36 = 16$
⑭ $90 - 53 = 37$
⑮ $65 - 27 = 38$

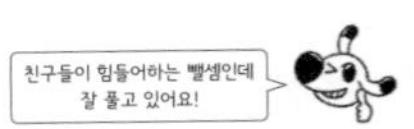

친구들이 힘들어하는 뺄셈인데
잘 풀고 있어요!

37 교과서 3. 덧셈과 뺄셈

집중 시간 4분

뺄셈을 하세요.

어려운 문제는 ☆ 표시를 하고 꼭 한 번 더 풀어야 해요.

① $52 - 25 = 27$
② $46 - 18 = 28$
③ $63 - 26 = 37$
④ $72 - 54 = 18$
⑤ $81 - 65 = 16$
⑥ $64 - 15 = 49$
⑦ $85 - 49 = 36$
⑧ $92 - 46 = 46$
⑨ $53 - 39 = 14$
⑩ $93 - 55 = 38$
⑪ $44 - 26 = 18$
⑫ $56 - 19 = 37$
⑬ $61 - 38 = 23$
⑭ $74 - 45 = 29$
⑮ $85 - 29 = 56$

38 받아내림하고 남은 수를 꼭 표시하자

집중 시간 3분

뺄셈을 하세요.

① $50 - 38 = 12$
② $45 - 27 = 18$
③ $51 - 26 = 25$
④ $64 - 28 = 36$
⑤ $73 - 16 = 57$
⑥ $65 - 46 = 19$
⑦ $43 - 28 = 15$
⑧ $72 - 43 = 29$
⑨ $83 - 25 = 58$
⑩ $94 - 49 = 45$
⑪ $68 - 19 = 49$
⑫ $86 - 58 = 28$
⑬ $92 - 36 = 56$

너를 돕기 위해 난 1이 작아졌지만 괜찮아!
형님 덕분에 전 10만큼 커졌어요. 고마워요. 십의 자리 형님!
십의 자리
일의 자리

집중 시간 3분

가운데 있는 수에서 바깥에 있는 수를 뺀 값을 빈칸에 써넣으세요.

①
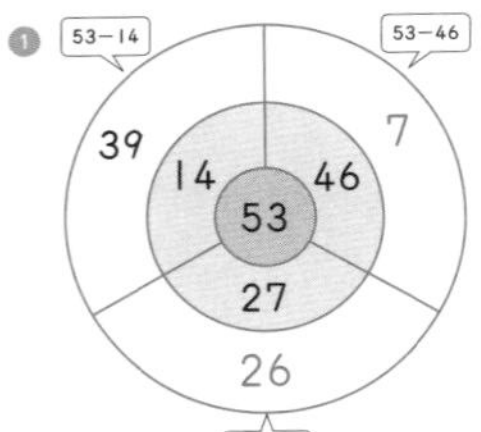

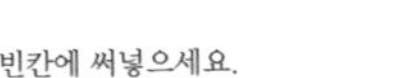

3개의 뺄셈식을 만들어 계산해 보세요!

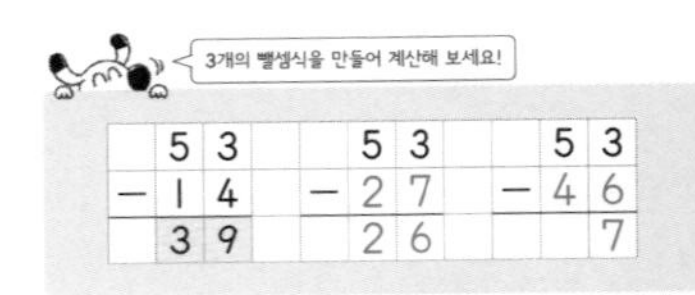

53 − 14 = 39	53 − 27 = 26	53 − 46 = 7

②
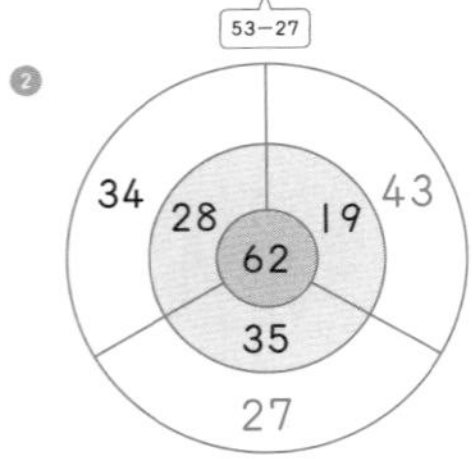

③
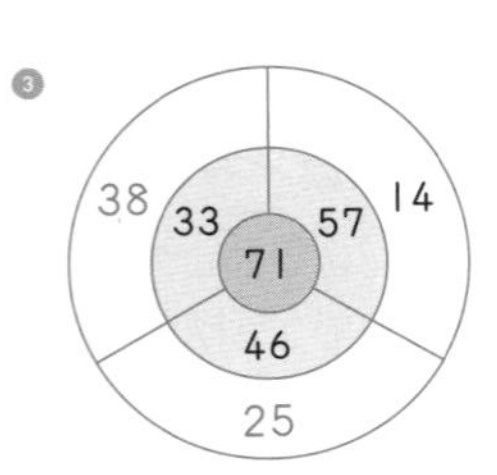

④
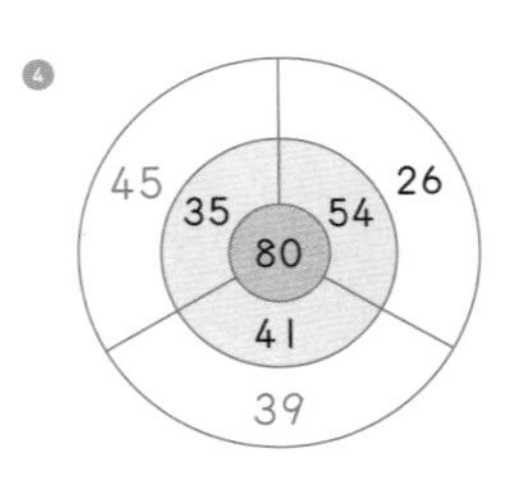

⑤
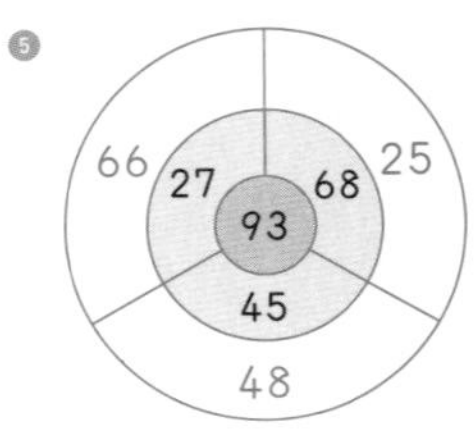

95~96쪽

39 몇십과 몇으로 나누어 빼는 방법

집중 시간 2분

여러 가지 방법으로 풀다 보면 가장 풀기 편한 방법을 찾을 수 있을 거예요~

※ □ 안에 알맞은 수를 써넣으세요.

* 몇십을 먼저 뺀 다음 몇을 더 빼는 방법

35 − 17 = 35 − 10 − 7
= 25 − 7 = 18

❶ 24 − 18
= 24 − 10 − [8]
= 14 − [8]
= [6]

빼는 수의 몇십을 먼저 빼요.

❷ 33 − 25
= 33 − 20 − [5]
= 13 − [5]
= [8]

❸ 45 − 26
= 45 − 20 − [6]
= 25 − [6]
= [19]

❹ 52 − 38
= 52 − 30 − [8]
= 22 − [8]
= [14]

❺ 42 − 26
= 42 − [20] − 6
= [22] − 6
= [16]

❻ 51 − 43
= 51 − [40] − 3
= [11] − 3
= [8]

❼ 67 − 29
= 67 − [20] − 9
= [47] − 9
= [38]

39 교과서 3. 덧셈과 뺄셈

집중 시간 2분

※ □ 안에 알맞은 수를 써넣으세요.

❶ 37 − 18
= 37 − 10 − [8]
= 27 − [8]
= [19]

❷ 52 − 27
= 52 − 20 − [7]
= 32 − [7]
= [25]

❸ 45 − 29
= 45 − 20 − [9]
= 25 − [9]
= [16]

❹ 64 − 38
= 64 − 30 − [8]
= 34 − [8]
= [26]

❺ 53 − 36
= 53 − [30] − 6
= [23] − 6
= [17]

❻ 61 − 37
= 61 − [30] − 7
= [31] − 7
= [24]

❼ 72 − 45
= 72 − [40] − 5
= [32] − 5
= [27]

자주 틀리는 수 조합이에요. 집중해서 풀어봐요.

앗! 실수

❽ 86 − 58
= 86 − [50] − 8
= [36] − 8
= [28]

97~98쪽

40 일의 자리 수를 같게 만들어 빼는 방법

집중 시간 2분

※ □ 안에 알맞은 수를 써넣으세요.

* 몇십이 되도록 일의 자리 수를 같게 만들어 빼는 방법

28 − 19 = 28 − 18 − 1
= 10 − 1 = 9

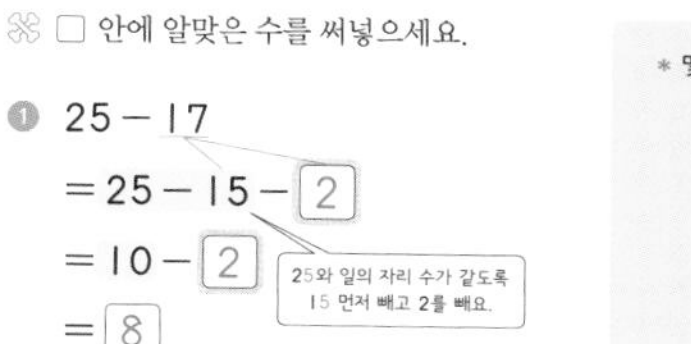

❶ 25 − 17
= 25 − 15 − [2]
= 10 − [2]
= [8]

25와 일의 자리 수가 같도록 15를 먼저 빼고 2를 빼요.

❷ 32 − 26
= 32 − 22 − [4]
= 10 − [4]
= [6]

❸ 46 − 18
= 46 − 16 − [2]
= 30 − [2]
= [28]

❹ 51 − 36
= 51 − 31 − [5]
= 20 − [5]
= [15]

❺ 64 − 27
= 64 − [24] − 3
= [40] − 3
= [37]

❻ 73 − 35
= 73 − [33] − 2
= [40] − 2
= [38]

❼ 92 − 48
= 92 − [42] − 6
= [50] − 6
= [44]

40 교과서 3. 덧셈과 뺄셈

집중 시간 2분

※ □ 안에 알맞은 수를 써넣으세요.

❶ 45 − 27
= 45 − 25 − [2]
= 20 − [2]
= [18]

❷ 55 − 39
= 55 − 35 − [4]
= 20 − [4]
= [16]

❸ 62 − 25
= 62 − 22 − [3]
= 40 − [3]
= [37]

❹ 71 − 56
= 71 − 51 − [5]
= 20 − [5]
= [15]

❺ 57 − 29
= 57 − [27] − 2
= [30] − 2
= [28]

❻ 72 − 38
= 72 − [32] − 6
= [40] − 6
= [34]

❼ 83 − 44
= 83 − [43] − 1
= [40] − 1
= [39]

앗! 실수

❽ 94 − 67
= 94 − [64] − 3
= [30] − 3
= [27]

99~100쪽

41 몇십으로 만들어 빼는 방법

※ □ 안에 알맞은 수를 써넣으세요.

* 빼는 수를 더 큰 몇십으로 만들어 빼는 방법

46−18=28

18보다 2만큼 더 뺐으므로 2를 다시 더해줘요.

❶ 46−20=26 ❷ 26+2=28

빼는 수(18)를 더 큰 몇십(20)으로 만들어 뺀 다음 더 뺀만큼(2)을 다시 더해요.

❶ 26−19 =26−20+[1] =6+[1] =[7]

26−20은 26−19보다 1만큼 더 뺀 거예요.

❷ 34−19 =34−20+[1] =14+[1] =[15]

❸ 43−29 =43−30+[1] =13+[1] =[14]

❹ 52−18 =52−20+[2] =32+[2] =[34]

❺ 54−38 =54−[40]+2 =[14]+2 =[16]

❻ 63−47 =63−[50]+3 =[13]+3 =[16]

❼ 72−37 =72−[40]+3 =[32]+3 =[35]

41 교과서 3. 덧셈과 뺄셈

※ □ 안에 알맞은 수를 써넣으세요.

❶ 35−17 =35−20+[3] =15+[3] =[18]

❷ 43−28 =43−30+[2] =13+[2] =[15]

❸ 52−17 =52−20+[3] =[32]+[3] =[35]

❹ 61−38 =61−40+[2] =21+[2] =[23]

❺ 46−27 =46−[30]+3 =[16]+3 =[19]

❻ 72−29 =72−[30]+1 =[42]+1 =[43]

❼ 83−17 =83−[20]+3 =[63]+3 =[66]

앗! 실수

❽ 96−48 =96−[50]+2 =[46]+2 =[48]

101~102쪽

42 생활 속 연산 — 뺄셈

※ □ 안에 알맞은 수를 써넣으세요.

❶ 단감 30개 중 12개를 말려 곶감을 만들었습니다. 남은 단감은 [18]개입니다.

❷ 사과 나무에 열린 사과는 45개입니다. 그중 18개를 땄다면 남은 사과는 [27]개입니다.

❸ 5월 한 달 31일 중 8일 동안 운동했습니다. 5월에 운동하지 않은 날은 모두 [23]일입니다.

❹ 할아버지의 연세는 80세, 아버지의 연세는 42세입니다. 할아버지는 아버지보다 [38]세가 더 많습니다.

42 꿀떡! 연산 간식

※ 뺄셈식이 맞는 길로 가면 고양이가 원하는 것을 할 수 있어요. 알맞은 뺄셈식이 되도록 길을 따라가 보세요.

❶

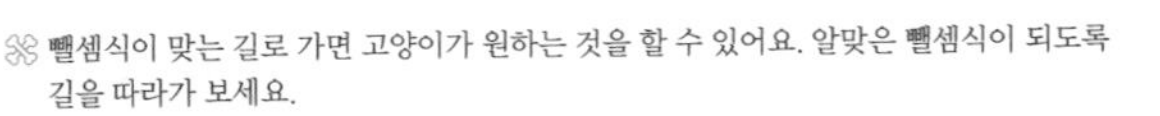

❷

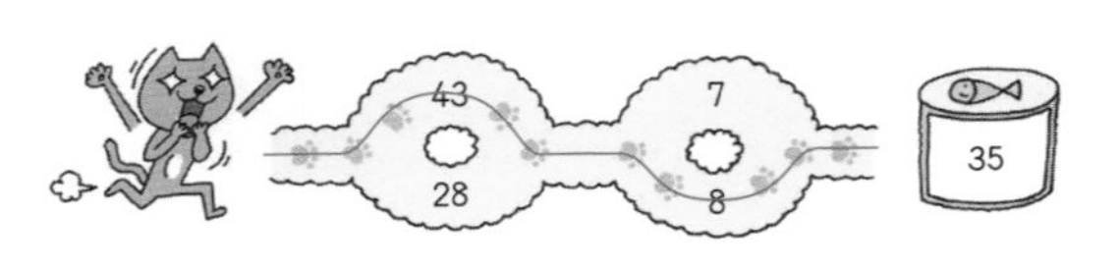

❸

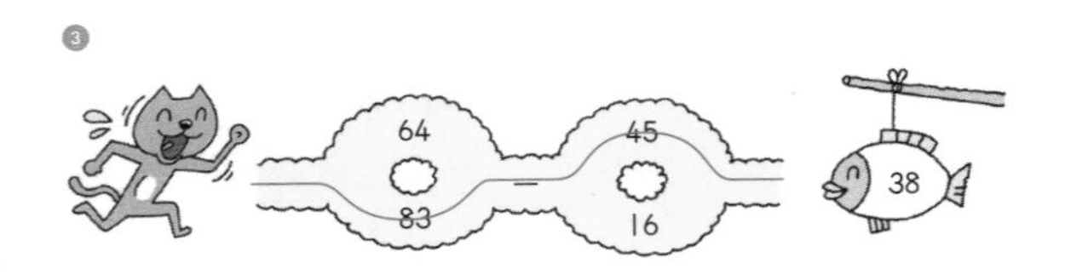

103쪽

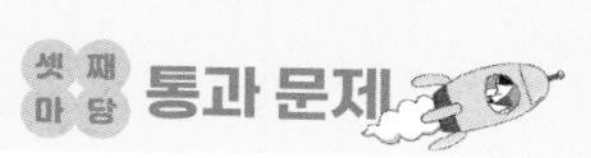

*틀린 문제는 꼭 다시 확인하고 넘어가요!

□ 안에 알맞은 수를 써넣으세요.

30차시 ❶ 30 − 9 = 21

30차시 ❷ 50 − 3 = 47

30차시 ❸ 46 − 8 = 38

30차시 ❹ 65 − 9 = 56

34차시 ❺ 20 − 15 = 5

34차시 ❻ 60 − 23 = 37

34차시 ❼ 73 − 46 = 27

34차시 ❽ 91 − 33 = 58

32차시 ❾ $40-7=$ 33

32차시 ❿ $54-8=$ 46

36차시 ⓫ $22-19=$ 3

36차시 ⓬ $61-25=$ 36

36차시 ⓭ $83-29=$ 54

36차시 ⓮ $70-51=$ 19

42차시 ⓯ 귤이 32개 들어 있는 상자에서 귤 13개를 먹었습니다. 상자에 남아 있는 귤은 19 개입니다.

셋째 마당 정복!
넷째 마당으로 가 보자고~

107~108쪽

43 세 수의 덧셈은 두 수씩 차례대로!

□ 안에 알맞은 수를 써넣으세요.

세 수의 덧셈은 순서를 바꾸어 더해도 결과가 같아요.

❶ $18+6+8=$ 32 (❶ 24, ❷ 32)

❺ $18+6+8=$ 32 (14, 32)

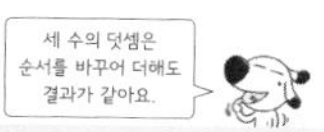

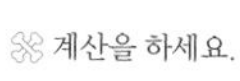

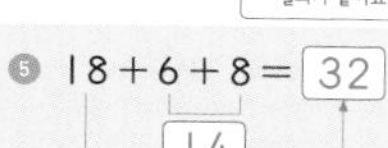

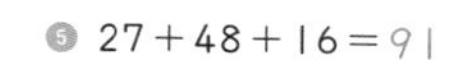

❷ $25+9+17=$ 51 (34, 51)

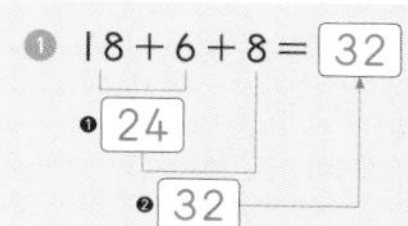

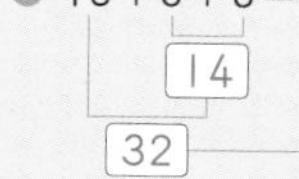

❻ $25+9+17=$ 51 (26, 51)

❸ $16+17+29=$ 62 (33, 62)

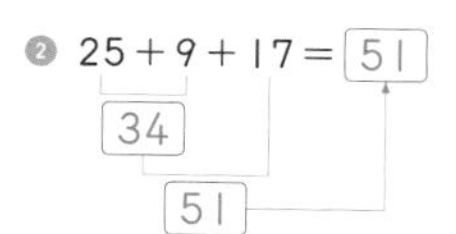

❼ $16+17+29=$ 62 (46, 62)

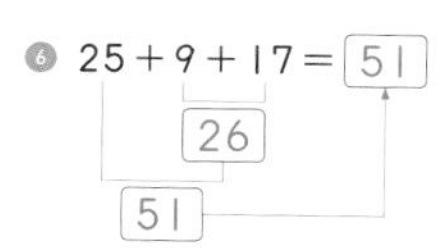

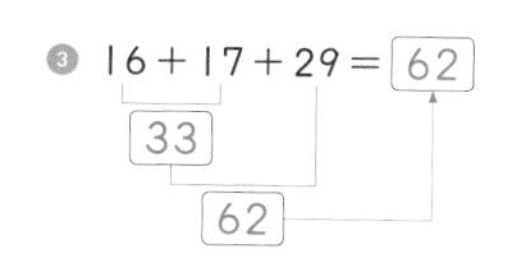

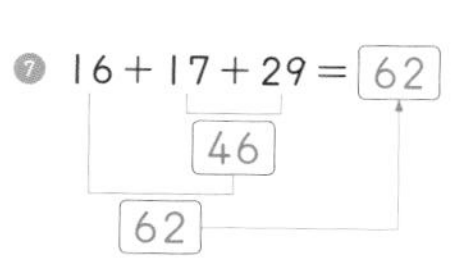

다 풀었으면 옆의 문제와 계산 결과가 같은지 확인해 봐요~ 다르면 다시 풀어 보세요!

❹ $48+18+23=$ 89 (66, 89)

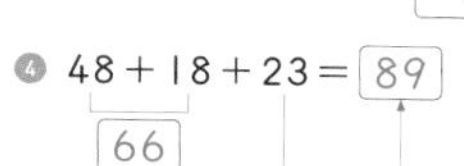

❽ $48+18+23=$ 89 (41, 89)

43 교과서 3. 덧셈과 뺄셈

계산을 하세요.

❶ $17+25+6=48$

❷ $24+12+19=55$

❸ $36+15+29=80$

❹ $19+16+47=82$

세 수의 덧셈은 계산하기 편한 것끼리 먼저 더해도 돼요. 그러나 지금은 두 수씩 차례대로 계산하는 습관을 들여 보아요.

❺ $27+48+16=91$

❻ $17+26+54=97$

❼ $38+49+13=100$

❽ $43+39+21=103$

109~110쪽

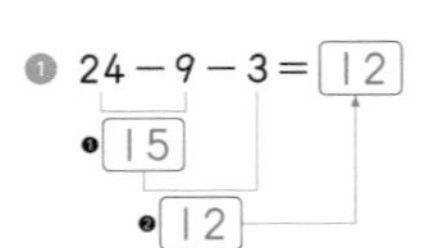

세 수의 뺄셈은 반드시 앞에서부터!

※ □ 안에 알맞은 수를 써넣으세요.

주의! 세 수의 뺄셈은 반드시
앞에서부터 차례대로 빼야 돼요.

① 24 − 9 − 3 = 12 (❶ 15, ❷ 12)

② 31 − 16 − 7 = 8 (15, 8)

③ 43 − 19 − 16 = 8 (24, 8)

④ 51 − 15 − 27 = 9 (36, 9)

⑤ 62 − 19 − 34 = 9 (43, 9)

⑥ 73 − 18 − 26 = 29 (55, 29)

⑦ 82 − 28 − 17 = 37 (54, 37)

⑧ 90 − 37 − 15 = 38 (53, 38)

44 교과서 3. 덧셈과 뺄셈

※ 계산을 하세요.

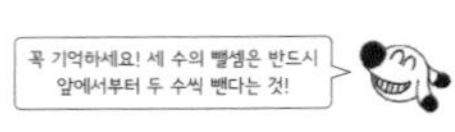

① 34 − 16 − 9 = 9

② 38 − 19 − 7 = 12

③ 41 − 26 − 8 = 7

④ 53 − 17 − 19 = 17

⑤ 46 − 19 − 19 = 8

⑥ 60 − 8 − 14 = 38

⑦ 83 − 26 − 18 = 39

⑧ 91 − 48 − 14 = 29

111~112쪽

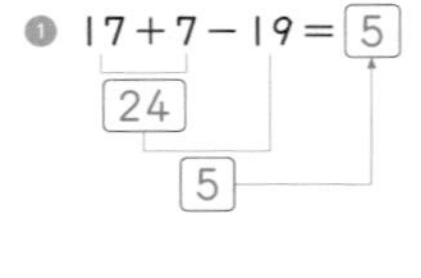

덧셈과 뺄셈이 섞여 있어도 반드시 앞에서부터!

※ □ 안에 알맞은 수를 써넣으세요.

① 17 + 7 − 19 = 5 (24, 5)

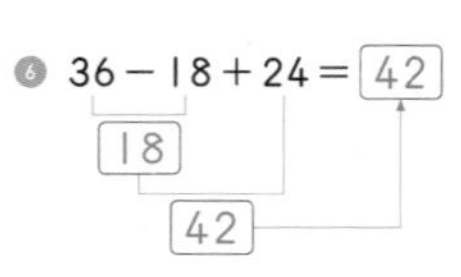

② 29 + 12 − 13 = 28 (41, 28)

③ 36 + 15 − 21 = 30 (51, 30)

④ 45 + 18 − 19 = 44 (63, 44)

⑤ 23 − 6 + 8 = 25 (17, 25)

⑥ 36 − 18 + 24 = 42 (18, 42)

⑦ 43 − 26 + 16 = 33 (17, 33)

⑧ 51 − 26 + 38 = 63 (25, 63)

45 교과서 3. 덧셈과 뺄셈

※ 계산을 하세요.

① 25 + 17 − 4 = 38

② 33 + 8 − 16 = 25

③ 41 + 26 − 9 = 58

④ 57 + 9 − 27 = 39

⑤ 36 − 8 + 7 = 35

⑥ 42 − 8 + 18 = 52

⑦ 54 − 6 + 27 = 75

⑧ 64 − 16 + 35 = 83

113~114쪽

46 세 수의 계산 집중 연습

※ 계산을 하세요.

빨셈이 하나라도 섞여 있으면 반드시 앞에서부터 차례대로 계산해야 해요.

❶ $23+16+15=54$

❷ $34+18+29=81$

❸ $51+17+23=91$

❹ $43-18-7=18$

❺ $54-16-29=9$

❻ $62-35-16=11$

❼ $37+33-21=49$

❽ $46+25-39=32$

❾ $35-16+19=38$

❿ $57-18+25=64$

46 교과서 3. 덧셈과 뺄셈 (집중 시간 3분)

※ 계산을 하세요.

❶ $29+23+18=70$

❷ $36+28+17=81$

❸ $61-16-37=8$

❹ $52-27-16=9$

❺ $27+33-15=45$

❻ $52-15+38=75$

❼ $84-48-19=17$

❽ $95-39-27=29$

❾ $73-35+26=64$

❿ $92-68+58=82$

115~116쪽

47 덧셈과 뺄셈은 아주 친한 관계!

집중 시간 1분

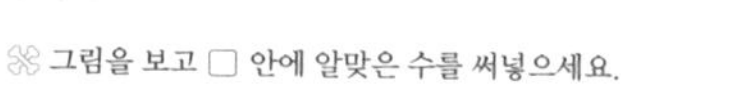

※ 그림을 보고 □ 안에 알맞은 수를 써넣으세요.

❶ $8+13=21$ → $21-8=13$, $21-\boxed{13}=8$

❷ $16+29=45$ → $45-\boxed{16}=29$, $45-29=\boxed{16}$

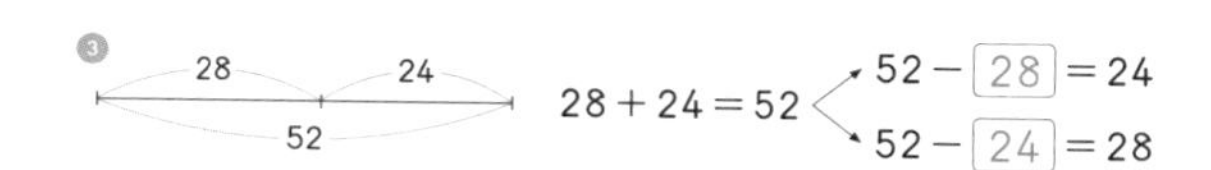

❸ $28+24=52$ → $52-\boxed{28}=24$, $52-\boxed{24}=28$

❹ (34, 36, 70) $34+36=70$ → $70-\boxed{34}=36$, $\boxed{70}-36=\boxed{34}$

❺ (59, 25, 84) $59+25=84$ → $\boxed{84}-59=25$, $\boxed{84}-\boxed{25}=59$

집중 시간 1분

※ 그림을 보고 □ 안에 알맞은 수를 써넣으세요.

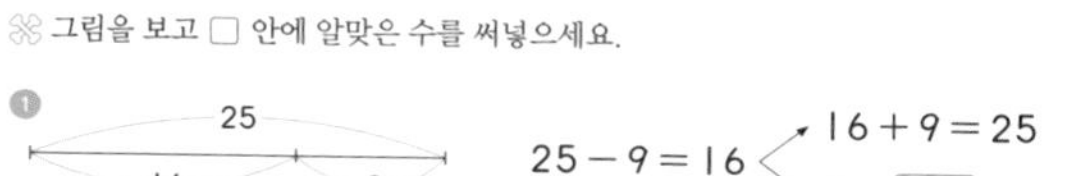

❶ $25-9=16$ → $16+9=25$, $9+\boxed{16}=25$

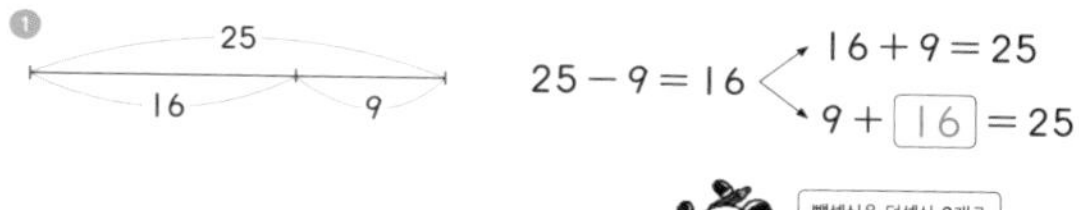

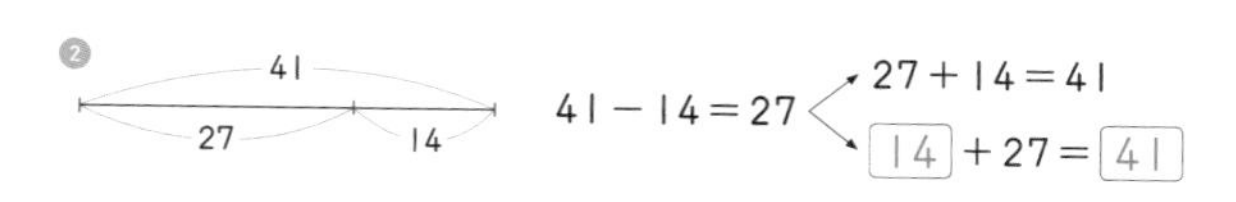

❷ $41-14=27$ → $27+14=41$, $\boxed{14}+27=\boxed{41}$

❸ (83, 36, 47) $83-47=36$ → $\boxed{36}+47=83$, $47+\boxed{36}=83$

❹ (76, 28, 48) $76-48=28$ → $28+\boxed{48}=76$, $\boxed{48}+28=76$

❺ (92, 29, 63) $92-63=29$ → $29+\boxed{63}=92$, $\boxed{63}+\boxed{29}=92$

117~118쪽

48 뺄셈식으로 나타내면 가장 큰 수가 맨 앞으로!

※ 덧셈을 하고, 2개의 뺄셈식으로 나타내어 보세요.

❶ 11+9=(20)
- (20)−11=9
- (20)−9=11

가장 큰 수에 ○표 해 보세요. 가장 큰 수에서 작은 두 수 중 하나를 빼는 2개의 뺄셈식으로 나타낼 수 있어요.

❷ 25+6=31
- 31−25=6
- 31−6=25

❸ 33+19=52
- 52−33=19
- 52−19=33

❹ 42+18=60
- 60−42=18
- 60−18=42

❺ 27+16=43
- 43−27=16
- 43−16=27

❻ 46+28=74
- 74−46=28
- 74−28=46

❼ 54+37=91
- 91−54=37
- 91−37=54

❽ 68+14=82
- 82−68=14
- 82−14=68

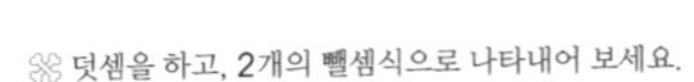

48 교과서 3. 덧셈과 뺄셈

※ 덧셈을 하고, 2개의 뺄셈식으로 나타내어 보세요.

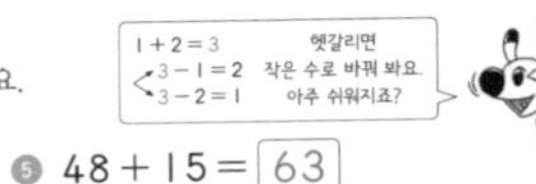

1+2=3
3−1=2
3−2=1
헷갈리면 작은 수로 바꿔 봐요. 아주 쉬워지죠?

❶ 24+8=32
- 32−24=8
- 32−8=24

❷ 38+13=51
- 51−38=13
- 51−13=38

❸ 44+36=80
- 80−44=36
- 80−36=44

❹ 56+27=83
- 83−56=27
- 83−27=56

❺ 48+15=63
- 63−48=15
- 63−15=48

❻ 62+19=81
- 81−62=19
- 81−19=62

❼ 59+23=82
- 82−59=23
- 82−23=59

앗! 실수

❽ 76+18=94
- 94−76=18
- 94−18=76

119~120쪽

49 작은 두 수를 합하니 큰 수가 됐잖아!

※ 뺄셈을 하고, 2개의 덧셈식으로 나타내어 보세요.

❶ (20)−6=14
- 14+6=(20)
- 6+14=(20)

먼저 가장 큰 수에 ○표 하고 풀어 보세요. 작은 두 수를 합해야 큰 수가 나오겠죠?

❷ 24−17=7
- 7+17=24
- 17+7=24

❸ 44−26=18
- 18+26=44
- 26+18=44

❹ 62−39=23
- 23+39=62
- 39+23=62

❺ 41−14=27
- 27+14=41
- 14+27=41

❻ 50−28=22
- 22+28=50
- 28+22=50

❼ 76−47=29
- 29+47=76
- 47+29=76

❽ 85−37=48
- 48+37=85
- 37+48=85

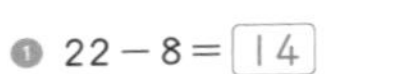

49 교과서 3. 덧셈과 뺄셈

※ 뺄셈을 하고, 2개의 덧셈식으로 나타내어 보세요.

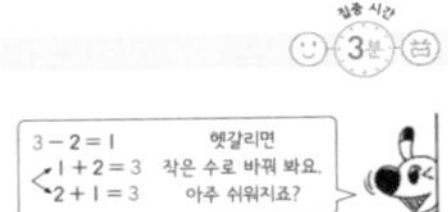

3−2=1
1+2=3
2+1=3
헷갈리면 작은 수로 바꿔 봐요. 아주 쉬워지죠?

❶ 22−8=14
- 14+8=22
- 8+14=22

❷ 43−17=26
- 26+17=43
- 17+26=43

❸ 54−36=18
- 18+36=54
- 36+18=54

❹ 71−37=34
- 34+37=71
- 37+34=71

❺ 35−19=16
- 16+19=35
- 19+16=35

❻ 62−24=38
- 38+24=62
- 24+38=62

❼ 83−47=36
- 36+47=83
- 47+36=83

앗! 실수

❽ 92−68=24
- 24+68=92
- 68+24=92

50 덧셈식을 뺄셈식으로 바꾸어 답 구하기

집중 시간 3분

※ 덧셈과 뺄셈의 관계를 이용하여 □ 안에 알맞은 수를 써넣으세요.

❶ 7 + [13] = 20
➡ 20 − 7 = [13]

* 덧셈과 뺄셈의 관계를 이용해 구하기 쉬운 값을 먼저 구해요!

10, □, 32

10 + [22] = 32 (가장 큰 수)

➡ 32 − 10 = [22] (가장 큰 수)

❷ 16 + [7] = 23
➡ 23 − 16 = [7]

❸ 28 + [16] = 44
➡ 44 − 28 = [16]

❹ 27 + [38] = 65
➡ 65 − 27 = [38]

❺ 34 + [39] = 73
➡ 73 − 34 = [39]

❻ [45] + 26 = 71
➡ [71] − 26 = [45]

❼ [15] + 38 = 53
➡ [53] − 38 = [15]

❽ [37] + 27 = 64
➡ [64] − 27 = [37]

50 교과서 3. 덧셈과 뺄셈

※ 덧셈과 뺄셈의 관계를 이용하여 □ 안에 알맞은 수를 써넣으세요.

❶ 6 + [24] = 30 (가장 큰 수)
➡ [30] − 6 = [24]

가장 큰 수에서 작은 두 수 중 하나를 빼면 남은 수가 돼요.

❷ 18 + [6] = 24
➡ [24] − 18 = [6]

❸ 22 + [9] = 31
➡ [31] − 22 = [9]

❹ 39 + [14] = 53
➡ [53] − 39 = [14]

❺ 29 + [16] = 45
➡ [45] − 29 = [16]

❻ [9] + 17 = 26
➡ [26] − 17 = [9]

❼ [18] + 14 = 32
➡ [32] − 14 = [18]

❽ [18] + 26 = 44
➡ [44] − 26 = [18]

❾ [39] + 29 = 68
➡ [68] − 29 = [39]

❿ [34] + 37 = 71
➡ [71] − 37 = [34]

51 덧셈식에서 □의 값 구하기

※ □ 안에 알맞은 수를 써넣으세요.

❶ 15 + [5] = 20 (가장 큰 수)

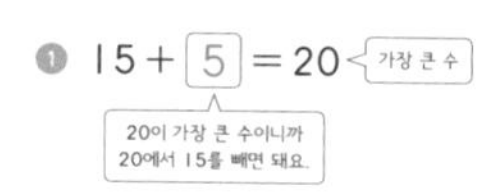

20이 가장 큰 수이니까
20에서 15를 빼면 돼요.

* 부분과 부분을 더하면 전체,
전체에서 부분을 빼면 부분이에요.

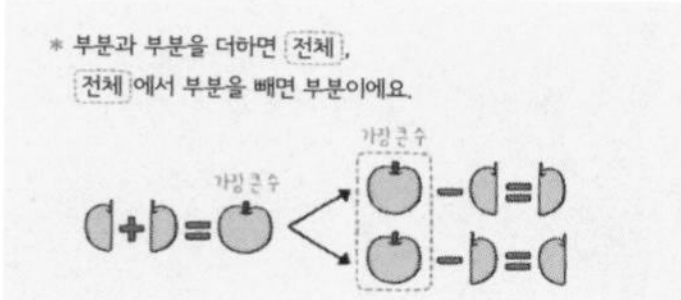

❷ 17 + [17] = 34

❸ 26 + [26] = 52

❹ 34 + [27] = 61

❺ 46 + [28] = 74

❻ [17] + 16 = 33

❼ [6] + 35 = 41

❽ [29] + 27 = 56

❾ [46] + 39 = 85

51 교과서 3. 덧셈과 뺄셈

※ □ 안에 알맞은 수를 써넣으세요.

❶ 27 + [14] = 41

❷ 18 + [35] = 53

❸ 44 + [26] = 70

❹ [58] + 24 = 82

❺ [28] + 37 = 65

❻ 37 + [31] = 68

❼ 46 + [39] = 85

❽ [27] + 47 = 74

❾ [35] + 57 = 92

❿ [38] + 34 = 72

52 덧셈식이나 다른 뺄셈식으로 나타내어 답 구하기

※ 덧셈과 뺄셈의 관계를 이용하여 □ 안에 알맞은 수를 써넣으세요.

① [22] − 8 = 14 → 14 + 8 = [22] (작은 두 수의 합은 / 가장 큰 수)

② [35] − 16 = 19 → 19 + 16 = [35]

③ [51] − 23 = 28 → [28] + 23 = [51]

④ [64] − 39 = 25 → [25] + 39 = [64]

⑤ [73] − 48 = 25 → [25] + 48 = [73]

⑥ 23 − [15] = 8 → 23 − 8 = [15]

⑦ 25 − [8] = 17 → 25 − 17 = [8]

⑧ 34 − [18] = 16 → [34] − 16 = [18]

⑨ 46 − [19] = 27 → [46] − 27 = [19]

⑩ 51 − [14] = 37 → [51] − 37 = [14]

52 교과서 3. 덧셈과 뺄셈

※ □ 안에 알맞은 수를 써넣으세요.

① [17] − 5 = 12 → [12] + 5 = [17]

② [52] − 18 = 34 → [34] + 18 = [52]

③ [75] − 29 = 46 → [46] + 29 = [75]

④ [71] − 36 = 35 → [35] + 36 = [71]

⑤ [62] − 44 = 18 → [18] + 44 = [62]

⑥ 21 − [4] = 17 → [21] − 17 = [4]

⑦ 34 − [18] = 16 → [34] − 16 = [18]

⑧ 42 − [15] = 27 → [42] − 27 = [15]

⑨ 53 − [16] = 37 → [53] − 37 = [16]

⑩ 64 − [19] = 45 → [64] − 45 = [19]

53 뺄셈식에서 □의 값 구하기

※ □ 안에 알맞은 수를 써넣으세요.

뺄셈식에서도 쪼개진 사과를 생각해 봐요!

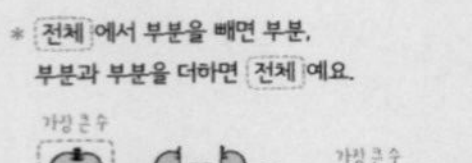

* 전체 에서 부분을 빼면 부분, 부분과 부분을 더하면 전체 예요.

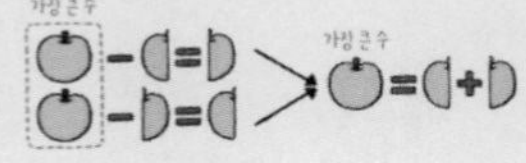

① [23] − 6 = 17 (가장 큰 수)

② [41] − 13 = 28

③ [64] − 25 = 39

④ [93] − 36 = 57

⑤ [69] − 53 = 16

⑥ 38 − [29] = 9 (38이 가장 큰 수이니까 □는 38에서 9를 뺀 수예요.)

⑦ 36 − [19] = 17

⑧ 41 − [8] = 33

⑨ 52 − [17] = 35

53 교과서 3. 덧셈과 뺄셈

※ □ 안에 알맞은 수를 써넣으세요.

① 41 − [14] = 27

② 52 − [34] = 18

③ 80 − [36] = 44

④ [83] − 57 = 26

⑤ [65] − 28 = 37

⑥ 72 − [33] = 39

⑦ 61 − [27] = 34

⑧ [86] − 38 = 48

⑨ [94] − 26 = 68

⑩ [85] − 34 = 51

129~130쪽

54 생활 속 연산 — 세 수의 계산, 덧셈과 뺄셈의 관계

※ □ 안에 알맞은 수를 써넣으세요.

❶ 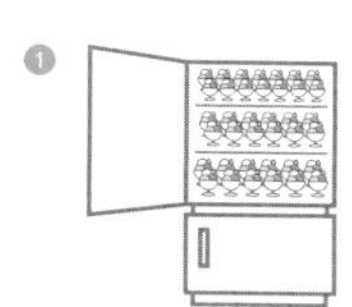

38－19＋[5]＝[24]

아이스크림 38개 중 19개를 먹은 다음, 5개를 더 사서 넣었더니 [24]개가 되었습니다.

❷ 

민수네 반 학생은 남학생 17명과 여학생 [16]명을 합해 모두 33명입니다.

❸ 

[21]명이 타고 있던 스쿨버스에서 8명이 내리면 13명이 남습니다.

❹ 

초콜릿 42개 중에서 [15]개를 동생에게 주었더니 27개가 남았습니다.

54 꿀떡! 연산 간식

※ 곰과 펭귄이 가져온 물고기의 수를 각각 구하고, 더 많이 가져온 동물에 ○를 하세요.

: [17]마리

: [12]마리

※ 두 펭귄이 먹은 새우의 수를 각각 구하고, 더 많이 먹은 동물에 ○를 하세요.

: [23]마리

: [21]마리

131쪽

넷째 마당 통과 문제

• 틀린 문제는 꼭 다시 확인하고 넘어가요!

※ □ 안에 알맞은 수를 써넣으세요.

43차시
❶ 32＋19＋27＝[78]

44차시
❷ 91－38－37＝[16]

45차시
❸ 54＋13－29＝[38]

45차시
❹ 57－28＋33＝[62]

47차시
❺ 27＋15＝42
42－[27]＝15
42－[15]＝27

49차시
❻ 52－19＝33
33＋[19]＝52
[19]＋33＝52

50차시
❼ 9＋[21]＝30
➡ [30]－9＝[21]

52차시
❽ 87－[48]＝39
➡ [87]－39＝[48]

52차시
❾ 63－[34]＝29
➡ [63]－29＝[34]

53차시
❿ 23－[15]＝8

53차시
⓫ [70]－42＝28

54차시
⓬ 사탕 50개 중에서 [23]개를 먹었더니 27개가 남았습니다.

54차시
⓭ 귤 60개 중 경호가 12개, 현주가 9개를 먹었더니 귤은 [39]개가 남았습니다.

넷째 마당 정복!
다섯째 마당으로 가 보자고~

135~136쪽

55 하나씩 세는 것보다 묶어 세는 게 편해!

※ 그림을 보고 □ 안에 알맞은 수를 써넣으세요.

❶ 
2씩 3 묶음
➡ 2 -(+2)- 4 -(+2)- 6
➡ 6

❷ 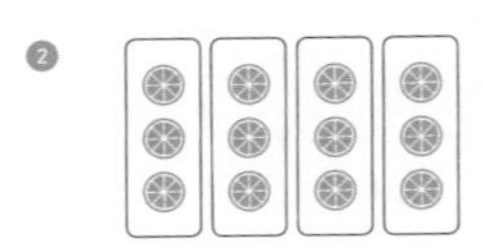
3씩 4 묶음
➡ 3 -(+3)- 6 -(+3)- 9 -(+3)- 12
➡ 12

3씩 묶으면 한 묶음 늘어날 때마다 3씩 늘어나요.

❸ 
4씩 5 묶음
➡ 4 - 8 - 12 - 16 - 20
➡ 20

❹ 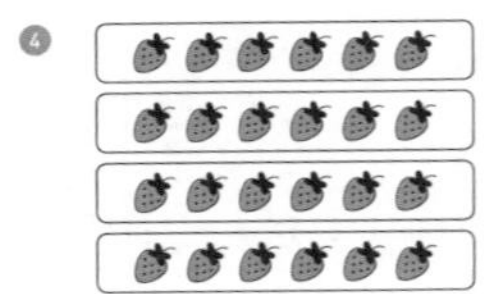
6씩 4 묶음
➡ 6 - 12 - 18 - 24
➡ 24

❺ 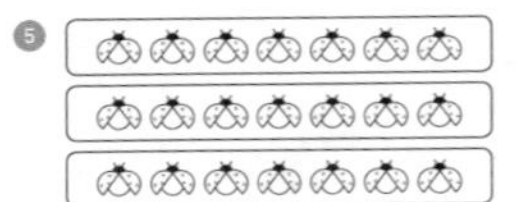
7씩 3 묶음
➡ 7 - 14 - 21
➡ 21

55 교과서 6. 곱셈

※ 그림을 보고 □ 안에 알맞은 수를 써넣으세요.

❶ 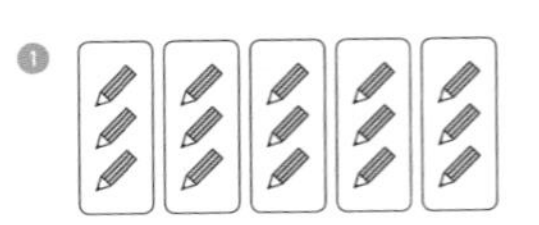
3씩 5 묶음
➡ 3 + 3 + 3 + 3 + 3 = 15 (5번)

❷
4씩 4 묶음
➡ 4 + 4 + 4 + 4 = 16

❸
6씩 3 묶음
➡ 6 + 6 + 6 = 18

❹
8씩 3 묶음
➡ 8 + 8 + 8 = 24

❺
9씩 4 묶음
➡ 9 + 9 + 9 + 9 = 36

137~138쪽

56 여러 번 더한 식을 간단히 나타내기

※ 그림을 보고 □ 안에 알맞은 수를 써넣으세요.

❶ 
2의 3배

2 + 2 + 2 = 6 ➡ 2 × 3 = 6 (3번)

몇 번 더했는지 세어 봐요.
같은 수를 3번 더한 건 ×3과 같아요.

❷
2 + 2 + 2 + 2 = 8 ➡ 2 × 4 = 8

❸
2 + 2 + 2 + 2 + 2 = 10 ➡ 2 × 5 = 10 (8)

❹ 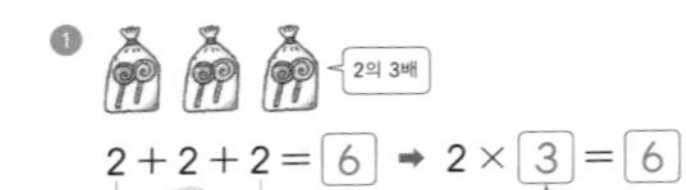
3 + 3 + 3 + 3 = 12 ➡ 3 × 4 = 12

❺ 
3 + 3 + 3 + 3 + 3 = 15 ➡ 3 × 5 = 15 (12)

❻ 
3 + 3 + 3 + 3 + 3 + 3 = 18 ➡ 3 × 6 = 18 (15)

56 교과서 6. 곱셈

※ 그림을 보고 □ 안에 알맞은 수를 써넣으세요.

❶
4 + 4 + 4 = 12 ➡ 4 × 3 = 12

❷ 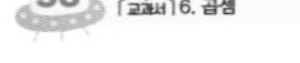
4 + 4 + 4 + 4 + 4 = 20 ➡ 4 × 5 = 20 (12)

❸ 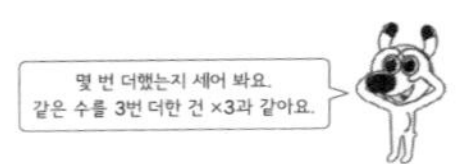
4 + 4 + 4 + 4 + 4 + 4 + 4 = 28 ➡ 4 × 7 = 28 (20)

❹ 
5 + 5 + 5 + 5 = 20 ➡ 5 × 4 = 20

❺
5 + 5 + 5 + 5 + 5 + 5 = 30 ➡ 5 × 6 = 30 (20)

❻ 
5 + 5 + 5 + 5 + 5 + 5 + 5 + 5 = 40 ➡ 5 × 8 = 40 (30)

57 그림을 보고 덧셈식과 곱셈식으로 나타내기

※ 그림을 보고 □ 안에 알맞은 수를 써넣으세요.

❶ (6의 2배)
6 + 6 = [12] ➡ 6 × [2] = [12]
(2번)

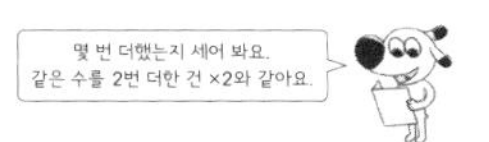

몇 번 더했는지 세어 봐요.
같은 수를 2번 더한 건 ×2와 같아요.

❷ 6 + 6 + 6 = [18] ➡ 6 × [3] = [18]

❸ 6 + 6 + 6 + 6 = [24] ➡ 6 × [4] = [24]
(18)

❹ 7 + 7 + 7 = [21] ➡ 7 × [3] = [21]

❺ 7 + 7 + 7 + 7 = [28] ➡ 7 × [4] = [28]
(21)

❻ 7 + 7 + 7 + 7 + 7 = [35] ➡ 7 × [5] = [35]
(28)

57 교과서 6. 곱셈

※ 그림을 보고 □ 안에 알맞은 수를 써넣으세요.

❶ 8 + 8 + 8 = [24] ➡ 8 × [3] = [24]
(꽃잎의 수)

❷ 8 + 8 + 8 + 8 + 8 + 8 = [48] ➡ 8 × [6] = [48]
(24)

❸ 8 + 8 + 8 + 8 + 8 + 8 + 8 + 8 = [64] ➡ 8 × [8] = [64]
(48)

❹ 9 + 9 + 9 + 9 = [36] ➡ 9 × [4] = [36]

❺ 9 + 9 + 9 + 9 + 9 + 9 = [54] ➡ 9 × [6] = [54]
(36)

❻ 9 + 9 + 9 + 9 + 9 + 9 + 9 + 9 = [72] ➡ 9 × [8] = [72]
(54)

58 덧셈식을 곱셈식으로 나타내기

※ □ 안에 알맞은 수를 써넣으세요.

❶ 3 + 3 = [6] ➡ 3 × [2] = [6]
(2번) 3을 2번 더한 것은 3 × 2와 같아요.

❷ 3 + 3 + 3 = [9] ➡ 3 × [3] = [9]

❸ 3 + 3 + 3 + 3 = [12] ➡ 3 × [4] = [12]

❹ 4 + 4 + 4 = [12] ➡ 4 × [3] = [12]

❺ 4 + 4 + 4 + 4 = [16] ➡ 4 × [4] = [16]

❻ 4 + 4 + 4 + 4 + 4 = [20] ➡ 4 × [5] = [20]
(16)

❼ 5 + 5 + 5 + 5 = [20] ➡ 5 × [4] = [20]

❽ 5 + 5 + 5 + 5 + 5 = [25] ➡ 5 × [5] = [25]
(20)

❾ 5 + 5 + 5 + 5 + 5 + 5 = [30] ➡ 5 × [6] = [30]
(25)

58 교과서 6. 곱셈

※ □ 안에 알맞은 수를 써넣으세요.

❶ 6 + 6 + 6 = [18] ➡ 6 × [3] = [18]
(3번)

❷ 6 + 6 + 6 + 6 = [24] ➡ 6 × [4] = [24]

더하는 수가 너무 많나요?
6을 5번 더한 값은 6을 4번 더한 값에 6을 더한 것과 같아요.

❸ 6 + 6 + 6 + 6 + 6 = [30] ➡ 6 × [5] = [30]
(24)

❹ 7 + 7 + 7 + 7 = [28] ➡ 7 × [4] = [28]

❺ 7 + 7 + 7 + 7 + 7 = [35] ➡ 7 × [5] = [35]

❻ 7 + 7 + 7 + 7 + 7 + 7 = [42] ➡ 7 × [6] = [42]
(35)

❼ 8 + 8 + 8 + 8 + 8 = [40] ➡ 8 × [5] = [40]

❽ 8 + 8 + 8 + 8 + 8 + 8 = [48] ➡ 8 × [6] = [48]
(40)

❾ 8 + 8 + 8 + 8 + 8 + 8 + 8 = [56] ➡ 8 × [7] = [56]
(48)

143~144쪽

59 덧셈식과 곱셈식으로 나타내기

집중 시간 3분

※ 빈칸에 알맞은 수나 식을 써넣으세요.

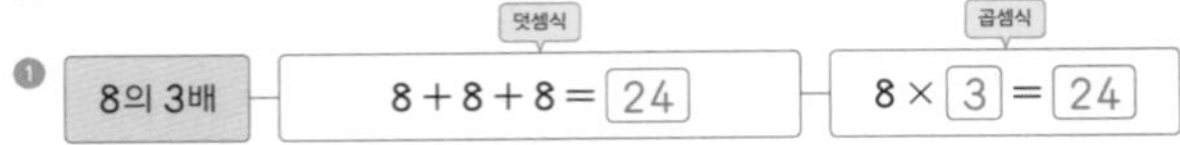

		덧셈식	곱셈식
①	8의 3배	8+8+8=24	8×3=24
②	7의 2배	7+7=14	7×2=14
③	6의 4배	6+6+6+6=24	6×4=24
④	4의 5배	4+4+4+4+4=20	4×5=20
⑤	5의 4배	5+5+5+5=20	5×4=20
⑥	3의 7배	3+3+3+3+3+3+3=21	3×7=21
⑦	9의 3배	9+9+9=27	9×3=27

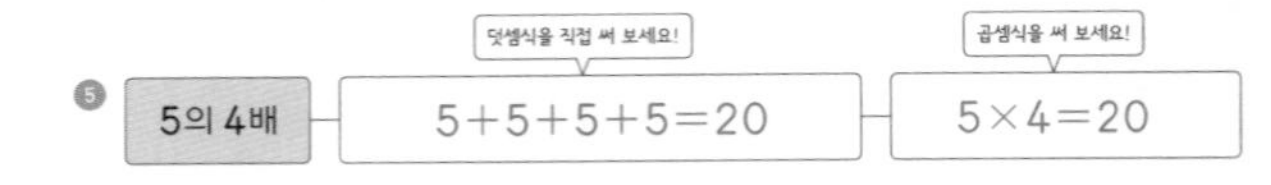
덧셈식을 직접 써 보세요! / 곱셈식을 써 보세요!

59 교과서 6. 곱셈

집중 시간 2분

※ 빈칸에 알맞은 수나 식을 써넣으세요.

①	2씩 9묶음	2의 9배	2×9=18
②	6씩 7묶음	6의 7배	6×7=42
③	9씩 4묶음	9의 4배	9×4=36
④	5씩 6묶음	5의 6배	5×6=30
⑤	4씩 8묶음	4의 8배	4×8=32
⑥	7씩 5묶음	7의 5배	7×5=35
⑦	8씩 6묶음	8의 6배	8×6=48

145~146쪽

60 생활 속 연산 — 곱셈

집중 시간 3분

※ 그림을 보고 □ 안에 알맞은 수를 써넣으세요.

① 

3×5=15

세발자전거 5대의 바퀴는 모두 15개입니다.

② 

6×3=18

6개씩 포장된 달걀 3묶음이 있습니다.
달걀은 모두 18개입니다.

③ 

2×4=8

펭귄 다리는 2개이고 문어 다리는 펭귄 다리 수의 4배입니다. 문어 다리는 8개입니다.

④ 

9×3=27

정수는 9살이고 이모의 나이는 정수의 나이의 3배 입니다. 이모의 나이는 27살입니다.

60 꿀떡! 연산 간식

집중 시간 5분

※ 계산 결과에 알맞은 색으로 색칠해 보세요.

① 3의 8배	④ 5×3	⑦ 7의 6배
② 7×6	⑤ 6의 8배	⑧ 5의 3배
③ 5+5+5	⑥ 5씩 3묶음	⑨ 6×8

15: 연두색 24: 주황색 42: 노란색 48: 초록색

147쪽

다섯째 마당 통과 문제

*틀린 문제는 꼭 다시 확인하고 넘어가요!

※ □ 안에 알맞은 수를 써넣으세요.

55차시
❶ 2씩 4묶음
➡ 2+2+2+2=8
➡ 2의 4배

55차시
❷ 8씩 3묶음
➡ 8+8+8=24
➡ 8의 3배

56차시
❸ 2+2+2=6
➡ 2×3=6

56차시
❹ 3+3+3+3=12
➡ 3×4=12

56차시
❺ 6+6+6+6+6=30
➡ 6×5=30

59차시
❻ 4의 6배
➡ 4+4+4+4+4+4=24
➡ 4×6=24

59차시
❼ 9의 3배
➡ 9+9+9=27
➡ 9×3=27

59차시
❽ 7의 4배
➡ 7+7+7+7=28
➡ 7×4=28

60차시
❾ 5개씩 포장된 초콜렛 5봉지가 있습니다. 초콜렛은 모두 25개입니다.

60차시
❿ 수호는 색종이를 9장 가지고 있고, 민주는 수호가 가지고 있는 색종이 수의 6배만큼 색종이를 가지고 있습니다. 민주가 가지고 있는 색종이는 54장입니다.

교과서 연산 2-1 훈련 끝!
다음 학기로 가 보자고~

바빠 수학 로드맵

바빠 시리즈 초·중등 수학 교재 한눈에 보기

유아~취학 전	1학년	2학년	3학년

7살 첫 수학

초등 입학 준비 첫 수학

① 100까지의 수
② 20까지 수의 덧셈 뺄셈
③ 100까지 수의 덧셈 뺄셈
★ 시계와 달력
★ 동전과 지폐 세기
★ 길이와 무게 재기

바빠 교과서 연산 | 학교 진도 맞춤 연산

▶ 가장 쉬운 교과 연계용 수학책
▶ 수학 학원 원장님들의 연산 꿀팁 수록!
▶ 한 학기에 필요한 연산만 모아 계산 속도가 빨라진다.

1~6학년 학기별 각 1권 | 전 12권

나 혼자 푼다! 바빠 수학 문장제 | 학교 시험 문장제, 서술형 완벽 대비

▶ 빈칸을 채우면 풀이와 답 완성!
▶ 교과서 대표 유형 집중 훈련
▶ 대화식 도움말이 담겨 있어, 혼자 공부하기 좋은 책

1~6학년 학기별 각 1권 | 전 12권

바빠 연산법 | 10일에 완성하는 영역별 연산 총정리

구구단, 시계와 시간

길이와 시간 계산, 곱

▶결손 보강용 영역별 연산 책
▶취약한 연산만 집중 훈련
▶시간이 절약되는 똑똑한 훈련법!

예비초~6학년 영역별 | 전 26권

※'바빠 초등 수학 총정리'와 '바빠 중학 일차방정식', '바빠 중학 일차함수', '바빠 중학도형 총정리'도 있어요!

MEMO